计算机系列教材

Visual FoxPro 程序设计

主　编　龙文佳
副主编　唐炉亮　万世明　肖　敏
　　　　裴　浪　骆　敏

武汉大学出版社

图书在版编目(CIP)数据

Visual FoxPro 程序设计/龙文佳主编. —武汉:武汉大学出版社,2007.1
计算机系列教材
ISBN 978-7-307-05386-1

Ⅰ.V… Ⅱ.龙… Ⅲ.关系数据库—数据库管理系统,Visual FoxPro—程序设计—教材 Ⅳ.TP311.138

中国版本图书馆 CIP 数据核字(2006)第 153042 号

责任编辑:林 莉 责任校对:程小宜 版式:支 笛

出版发行:武汉大学出版社 (430072 武昌 珞珈山)
(电子邮件:cbs22@whu.edu.cn 网址:www.wdp.com.cn)
印刷:湖北睿智印务有限公司
开本:787×1092 1/16 印张:15.75 字数:371 千字
版次:2007 年 1 月第 1 版 2011 年 1 月第 4 次印刷
ISBN 978-7-307-05386-1/TP·232 定价:24.00 元

版权所有,不得翻印;凡购买我社的图书,如有质量问题,请与当地图书销售部门联系调换。

计算机系列教材

编委会

主　　任：王化文,武汉科技大学中南分校信息工程学院院长,教授

编　　委：(以姓氏笔画为序)

　　　　　万世明,武汉工交职业学院计算系主任,副教授
　　　　　王代萍,湖北大学知行学院计算机系主任,副教授
　　　　　龙　翔,湖北生物科技职业学院计算机系主任
　　　　　张传学,湖北开放职业学院理工系主任
　　　　　陈　晴,武汉职业技术学院计算机技术与软件工程学院院长,副教授
　　　　　何友鸣,中南财经政法大学武汉学院信息管理系教授
　　　　　杨宏亮,武汉工程职业技术学院计算中心
　　　　　李守明,中国地质大学(武汉)江城学院电信学院院长,教授
　　　　　李晓燕,黄冈科技职业学院电子信息工程系主任,教授
　　　　　李群芳,武汉工程大学职业技术学院计算机系主任,副教授
　　　　　明志新,湖北水利水电职业学院计算机系主任
　　　　　郝　梅,武汉商业服务学院信息工程系主任,副教授
　　　　　章启俊,武汉商贸学院信息工程学院院长,教授
　　　　　谭琼香,武汉信息传播职业技术学院网络系
　　　　　戴远泉,湖北轻工职业技术学院信息工程系副主任,副教授

执行编委：

　　　　　黄金文,武汉大学出版社副编审

内 容 提 要

本书是根据全国计算机等级考试二级考试大纲的要求,以深入浅出、理论联系实际为原则编写的一本可视化程序设计语言的教材。

本书以 Visual FoxPro 6.0 为背景,介绍了关系数据库管理系统的基础理论及开发技术。主要内容包括数据库及其相关知识,集成开发环境,Visual FoxPro 语言基础,数据表的基本操作,数据库的基本操作,结构化程序设计,结构化查询语言 SQL,视图与查询,表单设计,菜单设计,报表与标签设计等 11 个部分。

本书既可作为大专院校各专业 Visual FoxPro 程序设计的教材,也可用做全国计算机等级考试二级 Visual FoxPro 程序设计的教材,还可供从事数据库开发的人员学习、参考。

序

近五年来,我国的教育事业快速发展,特别是民办高校、二级分校和高职高专发展之快、规模之大是前所未有的。在这种形势下,针对这类学校的专业培养目标和特点,探索新的教学方法,编写合适的教材成了当前刻不容缓的任务。

民办高校、二级分校和高职高专的目标是面向企业和社会培养多层次的应用型、实用型和技能型的人才,对于计算机专业来说,就要使培养的学生掌握实用技能,具有很强的动手能力以及从事开发和应用的能力。

为了满足这种需要,我们组织多所高校有丰富教学经验的教师联合编写了面向民办高校、二级分校和高职高专学生的计算机系列教材,分本科和专科两个层次。本系列教材的特点是:

1. 兼顾了系统性和先进性。教材既注重了知识的系统性,以便学生能够较系统地掌握一门课程,同时对于专业课,瞄准当前技术发展的动向,力求介绍当前最新的技术,以提高学生所学知识的可用性,在毕业后能够适应最新的开发环境。

2. 理论与实践结合。在阐明基本理论的基础上,注重了训练和实践,使学生学而能用。大部分教材编写了配套的上机和实训教程,阐述了实训方法、步骤,给出了大量的实例和习题,以保证实训和教学的效果,提高学生综合利用所学知识解决实际问题的能力和开发应用的能力。

3. 大部分教材制作了配套的多媒体课件,为教师教学提供了方便。

4. 教材结构合理,内容翔实,力求通俗易懂,重点突出,便于讲解和学习。

诚恳希望读者对本系列教材缺点和不足提出宝贵的意见。

编委会

2005 年 8 月 8 日

前 言

Visual FoxPro 是 Microsoft 公司推出的关系数据库管理系统及面向对象和可视化的数据库应用系统开发工具,是目前广泛使用的小型数据库管理系统。与早期的 FoxBase 或 FoxPro 相比,它引入了面向对象程序设计的思想,可以进行面向对象和可视化的程序设计。无论是数据库的概念、使用和管理,还是数据库应用系统的开发、速度、能力和灵活性等方面,都是早期的软件无法比拟的。Visual FoxPro 具有功能强大、直观易用、工具完善而有丰富、友好的用户界面和完备的兼容性等特点。

本书是根据《全国计算机等级考试二级考试大纲(Visual FoxPro 程序设计)》编写的。精要讲解了数据库基础知识和 Visual FoxPro 相关概念,集成开发环境,Visual FoxPro 语言基础,数据表的基本操作,数据库的基本操作,结构化程序设计,结构化查询语言 SQL,视图与查询,表单设计,菜单设计,报表与标签设计。

全书采用图文并茂的形式,结合大量实例介绍了 Visual FoxPro 的基本操作和面向对象的程序设计方法。对于精选实例的操作步骤,均给出了可靠代码。各章还配备了丰富的习题。

本书由龙文佳担任主编,唐炉亮、万世明、肖敏、裴浪、骆敏任副主编。第 1 章、第 6 章由龙文佳编写;第 3 章、第 7 章、第 11 章由唐炉亮编写;第 9 章由龙文佳、万世明编写;第 2 章、第 4 章和第 10 章由肖敏编写;第 8 章由裴浪编写;第 5 章由骆敏编写。

在本书的编写过程中,得到了武汉大学出版社的大力支持,使得本教材能在较短的时间内与广大读者见面。在此,对武汉大学出版社表示衷心的感谢。由于时间紧迫以及作者的水平有限,书中难免有不足之处,恳请广大读者批评指正!

作 者

2006 年 10 月

目 录

第1章 概述 ··········· 1
1.1 数据库基础知识 ··········· 1
1.1.1 数据管理的发展过程 ··········· 1
1.1.2 数据库系统 ··········· 3
1.1.3 数据模型 ··········· 4
1.2 关系数据库 ··········· 7
1.2.1 关系模型 ··········· 7
1.2.2 关系运算 ··········· 9
1.3 Visual FoxPro 系统概述 ··········· 11
1.3.1 Visual FoxPro 的发展历史 ··········· 11
1.3.2 Visual FoxPro 的特点 ··········· 11
1.3.3 Visual FoxPro 性能指标 ··········· 12
1.3.4 Visual FoxPro 文件类型 ··········· 13
1.4 小结 ··········· 14
1.5 习题 ··········· 15

第2章 Visual FoxPro 6.0 集成开发环境 ··········· 17
2.1 Visual FoxPro 6.0 的安装与启动 ··········· 17
2.1.1 Visual FoxPro 6.0 的运行环境 ··········· 17
2.1.2 Visual FoxPro 6.0 的安装 ··········· 17
2.1.3 安装后自定义系统 ··········· 19
2.1.4 Visual FoxPro 6.0 的启动 ··········· 19
2.1.5 Visual FoxPro 6.0 的退出 ··········· 20
2.1.6 Visual FoxPro 6.0 系统的配置 ··········· 21
2.2 Visual FoxPro 6.0 的用户界面 ··········· 22
2.2.1 Visual FoxPro 6.0 的主界面 ··········· 22
2.2.2 工具栏的使用 ··········· 24
2.3 Visual FoxPro 项目管理器 ··········· 26
2.3.1 项目管理器的文件类型 ··········· 26
2.3.2 项目管理器的按钮 ··········· 28
2.3.3 项目管理器的定制 ··········· 29
2.3.4 项目管理器的使用 ··········· 30
2.4 Visual FoxPro 向导、设计器和生成器 ··········· 31

2.4.1 Visual FoxPro 向导 · 31
   2.4.2 Visual FoxPro 设计器 · 34
   2.4.3 Visual FoxPro 生成器 · 34
  2.5 小结 · 35
  2.6 习题 · 35

第 3 章 Visual FoxPro 语言基础 · 37
  3.1 数据类型 · 37
  3.2 常量与变量 · 38
   3.2.1 常量 · 38
   3.2.2 变量 · 39
   3.2.3 数组变量 · 39
   3.2.4 字段变量 · 40
  3.3 Visual FoxPro 常用函数 · 40
   3.3.1 数值处理函数 · 40
   3.3.2 字符处理函数 · 43
   3.3.3 日期时间处理函数 · 46
   3.3.4 转换函数 · 47
   3.3.5 测试函数 · 48
  3.4 表达式 · 49
   3.4.1 数学表达式 · 50
   3.4.2 字符表达式 · 50
   3.4.3 日期时间表达式 · 50
   3.4.4 关系表达式 · 51
   3.4.5 逻辑表达式 · 52
  3.5 小结 · 52
  3.6 习题 · 52

第 4 章 数据表的基本操作 · 55
  4.1 表的创建 · 55
   4.1.1 表的概念 · 55
   4.1.2 设计表结构 · 55
   4.1.3 建立表结构 · 56
   4.1.4 输入记录 · 59
  4.2 表的基本操作 · 60
   4.2.1 表的打开/关闭 · 61
   4.2.2 表的浏览 · 62
   4.2.3 增加记录 · 62
   4.2.4 删除记录 · 64
   4.2.5 修改记录 · 65

4.2.6　显示记录 …………………………………… 65
　　4.2.7　记录定位 …………………………………… 66
4.3　索引与排序 ………………………………………… 67
　　4.3.1　索引的概念 ………………………………… 67
　　4.3.2　建立索引 …………………………………… 68
　　4.3.3　使用索引 …………………………………… 71
　　4.3.4　排序 ………………………………………… 72
4.4　查询与统计命令 …………………………………… 72
　　4.4.1　索引查询命令 ……………………………… 72
　　4.4.2　统计命令 …………………………………… 73
4.5　多个表的同时使用 ………………………………… 74
4.6　小结 ………………………………………………… 75
4.7　习题 ………………………………………………… 75

第5章　数据库的基本操作 …………………………… 77
5.1　数据库设计概述 …………………………………… 77
5.2　创建数据库 ………………………………………… 77
　　5.2.1　使用"数据库设计器"创建数据库 ………… 77
　　5.2.2　使用"项目管理器"创建数据库 …………… 77
5.3　数据库的基本操作 ………………………………… 79
　　5.3.1　数据库的打开/关闭 ………………………… 79
　　5.3.2　在数据库中加入表 ………………………… 80
　　5.3.3　修改与查看数据库结构 …………………… 80
　　5.3.4　与数据库操作相关的命令 ………………… 80
5.4　有效性、触发性与参照完整性 …………………… 81
　　5.4.1　有效性 ……………………………………… 81
　　5.4.2　触发性 ……………………………………… 82
　　5.4.3　参照完整性 ………………………………… 82
5.5　使用多个数据库 …………………………………… 83
5.6　小结 ………………………………………………… 83
5.7　习题 ………………………………………………… 83

第6章　Visual FoxPro 程序设计基础 ………………… 85
6.1　程序的编辑与使用 ………………………………… 85
　　6.1.1　结构化程序设计思想 ……………………… 85
　　6.1.2　程序的概念 ………………………………… 85
　　6.1.3　程序文件的建立 …………………………… 86
　　6.1.4　程序文件的保存 …………………………… 86
　　6.1.5　程序文件的修改 …………………………… 86
　　6.1.6　程序文件的执行 …………………………… 87

6.2 程序设计的一些常用命令 ... 87
6.2.1 非格式输出语句 ... 87
6.2.2 格式输入输出命令 ... 88
6.2.3 基本输入输出命令 ... 88
6.2.4 系统提示信息窗口 MESSAGEBOX( ) ... 89
6.3 程序的基本控制结构 ... 91
6.3.1 顺序结构 ... 91
6.3.2 分支结构 ... 91
6.3.3 循环结构 ... 95
6.3.4 编程举例 ... 99
6.4 过程与用户自定义函数 ... 102
6.4.1 过程 ... 102
6.4.2 用户自定义函数 ... 108
6.4.3 变量的作用域 ... 109
6.5 面向对象的程序设计 ... 110
6.5.1 面向对象程序设计的基本思想 ... 111
6.5.2 对象和类 ... 111
6.5.3 属性、事件和方法 ... 112
6.5.4 创建对象 ... 113
6.5.5 引用对象 ... 114
6.5.6 对象属性的设置、方法程序的调用 ... 114
6.6 小结 ... 115
6.7 习题 ... 115

第7章 SQL 查询语言 ... 120
7.1 SQL 查询语言概述 ... 120
7.2 SQL 查询 ... 121
7.2.1 简单查询 ... 122
7.2.2 满足条件的简单查询 ... 123
7.2.3 排序查询 ... 123
7.2.4 计算查询 ... 123
7.2.5 联接查询 ... 124
7.2.6 分组查询 ... 126
7.3 数据定义 ... 127
7.4 数据操作 ... 130
7.5 小结 ... 132
7.6 习题 ... 132

第8章 视图与查询 ... 135
8.1 视图 ... 135

8.1.1 视图概述	135
8.1.2 视图向导创建视图	135
8.1.3 视图设计器	140
8.1.4 使用视图	143
8.2 查询	144
8.2.1 查询的创建	145
8.2.2 查询结果输出	150
8.2.3 运行查询	151
8.3 小结	151
8.4 习题	151

第9章 表单设计 … 153

- 9.1 操作表单 … 153
  - 9.1.1 表单创建与保存 … 153
  - 9.1.2 修改表单 … 155
  - 9.1.3 运行表单 … 155
  - 9.1.4 表单属性和方法 … 156
- 9.2 表单设计器 … 159
  - 9.2.1 表单设计器环境 … 159
  - 9.2.2 控件的操作与布局 … 161
  - 9.2.3 设置数据环境 … 163
- 9.3 表单常用控件 … 165
  - 9.3.1 应用初步 … 165
  - 9.3.2 按钮类控件 … 168
  - 9.3.3 框类控件 … 175
  - 9.3.4 其他控件 … 180
- 9.4 表单设计举例 … 182
- 9.5 表单集与多重表单 … 189
  - 9.5.1 表单集 … 189
  - 9.5.2 多重表单 … 192
- 9.6 小结 … 193
- 9.7 习题 … 194

第10章 菜单设计 … 196

- 10.1 下拉式菜单设计 … 198
- 10.2 为顶层表单添加菜单 … 203
- 10.3 快捷菜单设计 … 203
- 10.4 小结 … 208
- 10.5 习题 … 208

第11章 报表与标签设计 ······ 209
11.1 创建报表 ······ 209
11.1.1 用向导创建报表 ······ 209
11.1.2 用报表设计器创建报表 ······ 217
11.2 报表的修改与布局 ······ 224
11.2.1 修改报表的页面 ······ 224
11.2.2 文字修改 ······ 224
11.2.3 添加线条、矩形和圆形 ······ 225
11.2.4 添加图片 ······ 226
11.2.5 更改控件颜色 ······ 226
11.2.6 为报表控件添加注释 ······ 227
11.3 报表的预览与打印 ······ 227
11.3.1 报表预览 ······ 227
11.3.2 报表打印 ······ 227
11.4 标签设计 ······ 229
11.5 小结 ······ 233
11.6 习题 ······ 233

主要参考文献 ······ 234

第1章 概 述

1.1 数据库基础知识

数据库技术是数据管理的技术,是计算机科学的重要分支,是一门综合性技术,涉及操作系统、数据结构、算法设计和程序设计等知识。数据库技术主要研究如何科学地组织和存储数据,如何高效地获取和处理数据,如何更广泛、更安全地共享数据。作为信息系统核心和基础的数据库技术,已被广泛用于各个领域的数据处理中。

本章将数据库系统中非常实用的知识点精练汇集在一起予以介绍,以便读者能够较好地掌握数据库系统的理论基础,为学好、用好 Visual FoxPro 做好准备。

1.1.1 数据管理的发展过程

数据是一种物理符号序列,用来记录事物情况,用型和值表征。数据不仅仅是数字,这是对数据的狭义理解。广义的理解是,数据的种类很多,表示数据可以用数字、文字、图形、图像、声音等多种符号。例如数值型数据 1,2,3,…,职工档案的记录。

信息是经过加工的有用数据,这种数据有时能产生决策性的影响。

信息都是数据,而只有经过提炼和抽象之后具有使用价值的数据才能成为信息。加工所得的信息仍以数据形式表现,此时的数据是信息的载体,是人们认识信息的一种媒体。

数据处理是指对各种类型的数据进行收集、存储、加工、传播等一系列活动的总和。数据处理的主要目的是:通过对大量原始数据进行分析和处理,抽取或推导出对人们有价值的信息,为行动、决策提供依据;同时,利用计算机科学地保存和管理大量复杂的数据,以方便人们充分地利用这些信息资源。数据处理也称为信息处理或信息技术等。

数据处理的核心是数据管理。数据管理指的是对数据的分类、组织、编码、储存、检索和维护等。数据管理经历了人工管理、文件系统和数据库系统三个阶段。

1. 人工管理阶段

20 世纪 50 年代中期以前,计算机主要用于科学计算。硬件状况是,外存储器只有卡片、纸带、磁带,没有像磁盘这样的可以随机访问、直接存取的外部存储设备。软件状况是,没有专门管理数据的软件,数据由计算或处理它的程序自行携带。

人工管理数据具有如下特点:

①数据不保存。

②应用程序管理数据。应用程序不仅要规定数据的逻辑结构,而且要设计物理结构,包括存储结构、存取方法、输入方式等。

③数据不共享。一组数据只能对应一个程序,当多个应用程序涉及某些相同的数据时,由于必须各自定义,无法互相利用、互相参照,因此程序与程序之间有大量的冗余数据。

④数据不具有独立性。数据的逻辑结构或物理结构发生变化后,必须对应用程序作相应的修改。

2. 文件系统阶段

20世纪50年代后期至60年代中后期,计算机开始大量地用于管理中的数据处理工作,大量的数据存储、检索和维护成为紧迫的需求。这时硬件方面已有了磁盘、磁鼓等直接存取存储设备;软件方面在操作系统中已经有了专门的数据管理软件,一般称为文件系统;处理方式上不仅有了批系统,而且能够联机实时处理。

文件系统管理数据具有如下特点:

①数据可以长期保存。

②由文件系统管理数据。文件系统将数据组织成相互独立的数据文件,便于对文件进行增删与修改操作。文件系统实现了记录内的结构性,但整体无结构。程序和数据之间由文件系统提供存取方法进行转换,使应用程序与数据之间有了一定的独立性。

③数据共享性差,冗余度大。文件系统中,一个文件基本上对应一个应用程序,不同的应用程序具有部分相同的数据时,也必须建立各自的文件,而不能共享相同的数据。因此,数据的冗余度大,浪费存储空间,容易造成数据的不一致性,给数据的修改和维护带来困难。

④数据独立性差,一旦数据的逻辑结构改变,必须修改应用程序,修改文件结构的定义。应用程序的改变,例如应用程序改用不同的高级语言等,也将引起文件的数据结构的改变,因此数据与程序之间仍缺乏独立性。

文件系统阶段应用程序与数据之间的关系如图1-1所示。

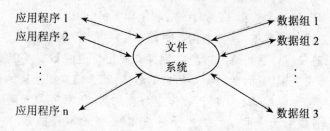

图1-1 文件系统阶段应用程序与数据之间的关系

3. 数据库系统阶段

从20世纪60年代后期开始,需要计算机管理的数据量急剧增长,并且对数据共享的需求日益增强。这时硬件已有大容量的硬盘,硬件价格下降,软件价格上升,为编制和维护系统软件及应用程序所需的成本相对增加,文件系统的数据管理方法已无法适应开发应用系统的需要。为了实现计算机对数据的统一管理,达到数据共享的目的,发展了数据库技术。

这个阶段数据管理具有如下特点:

①数据结构化。文件系统中,相互独立的文件的记录内部是有结构的,但记录之间没有联系。数据库系统则实现了整体数据的结构化,这是数据库的主要特征之一,也是数据库系统与文件系统的本质区别。

②数据的共享性高,冗余度低,易扩充。

③数据独立性高。

④数据由数据库管理系统(DataBase Management System,DBMS)统一管理和控制,DBMS

还提供了数据的安全性、完整性、并发控制和数据库恢复等功能。

数据库系统阶段应用程序与数据之间的关系如图 1-2 所示。

图 1-2　数据库系统阶段应用程序与数据之间的关系

1.1.2　数据库系统

数据库系统实际上是一个应用系统,它是在计算机硬件和软件系统的支持下,由用户、数据库管理系统、存储在存储设备上的数据和数据库应用程序构成的数据处理系统。

1. 有关的几个概念

(1) 数据库(DataBase,DB)

数据库是指存储在计算机存储设备上,结构化的相关数据集合。它不仅包含描述事物的数据本身,而且还包括相关事物之间的联系。

数据库中的数据往往不像文件系统那样,只面向某一个特定应用,而是面向多种应用,可以被多个用户、多个应用程序共享。

(2) 数据库应用系统(DataBase Application System,DBAS)

数据库应用系统是指程序员利用数据库系统资源开发出来的、面向某实际应用的软件系统,分为两类:

● 管理信息系统:这是面向机构内部业务和管理的数据库应用系统,如教学管理系统、财务管理系统等;

● 开放式信息服务系统:这是面向外部提供动态信息查询功能,以满足不同信息需求的数据库应用系统。例如,大型综合科技情报系统、经济信息系统和商品信息系统等。

从实现技术的角度而言,无论是管理信息系统还是开放式信息服务系统,都是以数据库为基础和核心的计算机应用系统。

(3) 数据库管理系统(DataBase Management System,DBMS)

数据库管理系统是指位于用户与操作系统之间、负责数据库存取、维护和管理的软件系统。这是数据库系统的核心,其功能强弱是衡量数据库系统性能优劣的主要方面,一般由计算机软件公司提供。

DBMS 具有数据定义、数据操纵、数据控制、数据库的建立和维护、数据库组织与管理以及数据通信接口等六大功能。

(4) 数据库系统(DataBase System,DBS)

数据库系统是指引进数据库技术后的计算机系统,实现有组织地、动态地存储大量相关数据、提供数据处理和信息资源共享的便利手段。数据库系统由五部分组成:硬件系统、数据库集合、数据库管理系统及相关软件、数据库管理员和用户。

2. 数据库系统的特点

这是计算机数据处理技术的重大进步,主要特点如下:

(1)实现数据共享,减少数据冗余

在数据库系统中,对数据的定义和描述已经从应用程序中分离出来,通过数据库管理系统来统一管理。数据的最小访问单位是字段,即可以按字段的名称存取库中某一个或某一组字段,也可以存取一条记录或一组记录。

建立数据库时,应当以面向全局的观点组织数据库中的数据,而不应当像文件系统那样只考虑某一局部应用,这样才能发挥数据共享的优势。

(2)实现数据独立

在数据库系统中,数据库管理系统提供映像功能,实现了应用程序对数据的总体逻辑结构、物理存储结构之间较高的独立性。用户只以简单的逻辑结构来操作数据,无需考虑数据在存储器上的物理位置与结构。

(3)避免了数据不一致性

某项数据只存在一个物理文件中,所以对数据的访问不会出现不同。

(4)加强了对数据的保护

数据库加入了安全保密机制,可防止对数据的非法存取。进行集中控制,有利于控制数据的完整性。采取了并发访问控制,保证了数据的正确性。另外,还实现了对数据库破坏后的恢复。

1.1.3 数据模型

数据库需要根据应用系统中数据的性质、内在联系,按照管理的要求来设计和组织。把客观存在的事物以数据的形式存储到计算机中,需要经历三个领域——现实世界、信息世界和数据世界。

现实世界是存在于人脑之外的客观世界、事物及其相互联系。事物可用"对象"和"性质"来描述。

信息世界是在人们头脑中的反映。客观事物在信息世界中称为实体,实体模型反映了事物的相互联系。

数据世界是信息世界中信息的数据化,现实世界中的事物及其相互联系在这里用数据模型描述。

1. 实体模型

(1)实体(Entity)

客观存在并可以相互区别的事物称为实体。实体可以是具体的人、事、物,也可以是抽象的概念或联系。例如,供应商、学生、部门、学生选课,公司订货等都是实体。

(2)属性(Attribute)

实体所具有的某一特性称为属性。一个实体可以由若干个属性来刻画。例如,学生实体可以由学号、姓名、性别、出生日期、入学成绩、简历等属性组成,如(0410010046,段茜,F,1985-8-30,524.0,2004 年进入湖北大学知行学院工商管理专业),这些属性组合起来表征了一个学生。

(3)主码(Primary Key)

惟一标识实体的属性集称为码。例如,职工号是职工实体的主码,学号是学生实体的主码。

(4)域(Domain)

属性的取值范围称为该属性的域。例如,姓名的域为字母字符串集合,年龄的域为小于120 的整数,性别的域为 T、F。

(5) 实体型(Entity Type)

具有相同属性的实体必然具有共同的特征和性质。用实体名及其属性名集合来抽象和刻画同类实体,称为实体型。例如,学生(学号,姓名,性别,出生日期,入学成绩,简历)就是一个实体型。

(6) 实体集(Entity Set)

同型实体的集合称为实体集。例如,全体学生就是一个实体集。

在 Visual FoxPro 中,用"表"来存放同一类实体,即实体集,例如成绩表。一个"表"包含若干个字段,每个"字段"就是实体的属性。字段值的集合组成表中的一条记录,每一条记录表示一个实体。

2. 实体联系

在现实世界中,事物内部以及事物之间是有联系的,这些联系在信息世界中反映为实体内部的联系和实体之间的联系。实体内部的联系通常是指组成实体的各属性之间的联系。两个实体之间的联系可以分为以下三类:

(1) 一对一联系(1:1)

如果对于实体集 A 中的每一个实体,实体集 B 中至多有一个实体与之联系,反之亦然,则称实体集 A 与实体集 B 具有一对一联系,记为 1:1。

例如,确定部门实体与经理实体之间存在一对一联系,意味着一个部门只能由一个经理管理,而一个经理只能管理一个部门。

(2) 一对多联系(1:n)

如果对于实体集 A 中的每一个实体,实体集 B 中有 n 个实体(n≥0)与之联系,反之,对于实体集 B 中的每一个实体,实体集 A 中至多只有一个实体与之联系,则称实体集 A 与实体集 B 有一对多联系,记为 1:n。

例如,一个部门中有若干名职工,而每个职工只在一个部门中工作,则部门与职工之间具有一对多联系。

(3) 多对多联系(m:n)

如果对于实体集 A 中的每一个实体,实体集 B 中有 n 个实体(n≥0)与之联系,反之,对于实体集 B 中的每一个实体,实体集 A 中也有 m 个实体(m≥0)与之联系,则称实体集 A 与实体集 B 具有多对多联系,记为 m:n。

例如,一门课程同时有若干个学生选修,而一个学生可以同时选修多门课程,则课程与学生之间具有多对多联系。

实际上,一对一联系是一对多联系的特例,而一对多联系又是多对多联系的特例。

在 Visual FoxPro 中,多对多联系表现为一个表中的多条记录,在相关表中同样有多条记录与其匹配。即表 A 的一条记录在表 B 中可以对应多条记录,而表 B 的一条记录在表 A 中也可以对应多条记录。例如,在一张订单中可以包含多项商品,因此对于订单表中的每个记录,在商品表中可以有多个记录与之对应。同样,每项商品也可以出现在许多订单中,因此对于商品表中的每个记录,在订单表中也有多个记录与之对应。

3. 数据模型的分类

不同的数据模型具有不同的数据结构形式。目前最常用的数据结构模型有层次模型(Hierarchical Model)、网状模型(Network Model)、关系模型(Relational Model)。其中层次模型和网状模型称为非关系模型。非关系模型的数据库系统在20世纪70年代非常流行,在数据库系统产品中占据了主导地位。到了20世纪80年代,逐渐被关系模型的数据库系统取代。

(1)层次模型

层次模型是数据库系统中最早出现的数据模型,层次数据库系统采用层次模型作为数据的组织方式。用树型结构表示实体类型以及实体间的联系是层次模型的主要特征,如图1-3所示。

层次结构是一棵有向树,树的节点是记录类型,根节点只有一个,根节点以外的节点有且只有一个父节点。上一层记录类型和下一层记录类型间的联系是1:m联系(包括1:1联系)。

层次模型的另一个最基本的特点是,任何一个给定的记录值,只有按其路径查看时才能显示它的全部意义,没有一个子记录值能够脱离双亲记录值而独立存在。

层次数据库系统的典型代表是IBM公司的IMS(Information Management Systems)数据库管理系统,这是1968年IBM公司推出的第一个大型的商用数据库管理系统,曾经得到广泛的使用。

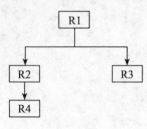

图1-3 层次模型示例

1969年美国IBM公司推出的IMS系统是最典型的层次模型系统,曾在20世纪70年代商业上广泛应用。

(2)网状模型

在现实世界中事物之间的联系更多的是非层次关系的,用层次模型来表示非树型结构是很不直接的,网状模型则可以克服这一弊端。

用网状结构表示实体类型及实体之间联系的数据模型称为网状模型,如图1-4所示。在网状模型中,一个子节点可以有多个父节点,在两个节点之间可以有一种或多种联系。网状模型实现实体间m:n联系比较容易。记录之间联系是通过指针实现的,因此,数据的联系十分密切。网状模型的数据结构在物理上也易于实现,效率较高,但是编写应用程序较复杂,程序员必须熟悉数据库的逻辑结构。

网状数据库系统采用网状模型作为数据的组织方式。网状数据模型的典型代表是DBTG系统,亦称CODASYL系统。这是20世纪70年代数据系统语言研究会(Conference On Data System Language, CODASYL)下属的数据库任务组(DataBase Task Group, DBTG)提出的一个系统方案。DBTG系统虽然不是实际的软件系统,但是它提出的基本概念、方法和技术具有普遍意义,它对于网状数据库系统的研制和发展起了重大的影响。后来不少的系统都采用DBTG模型或者简化的DBTG模型。

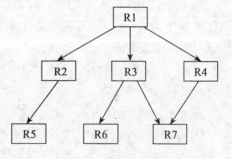

图1-4 网状模型示例

(3)关系模型

关系模型是目前最常用的一种数据模型。关系数据库系统采用关系模型作为数据的组织方式。1970年IBM公司的San Jose研究室的研究员E.F.Codd首次提出了数据库系统的关系模型,开创了数据库关系方法和关系数据理论的研究,为数据库技术奠定了理论基础。由于 E.F.Codd 的杰出工作,他于 1981 年获得 ACM 图灵奖。

20 世纪 80 年代以来,计算机厂商新推出的数据库管理系统几乎都支持关系模型,非关系系统的产品也大都加上了关系接口,数据库领域当前的研究工作也都是以关系方法为基础。

用二维表结构表示实体类型以及实体间联系的模型称为关系模型。关系模型比较简单,容易被初学者接受。关系在用户看来是一个表格,记录是表中的行,属性是表中的列。

关系模型是数学化的模型,可把表格看成一个集合,因此集合论、数理逻辑等知识可引入到关系模型中来。关系模型已是一个成熟的有前途的模型,已得到广泛应用。

1.2 关系数据库

关系数据库是以关系模型为基础的数据库,自 20 世纪 80 年代以来,许多关系数据库已经问世,例如 Visual FoxPro 就是一种关系数据库管理系统。

1.2.1 关系模型

关系模型就是用表格数据表示实体和实体之间的联系,这种表格就是一张二维表。在层次模型和网状模型中,数据结构中的各节点只保存实体的信息,实体间的联系是通过指针来实现的。而在关系模型中没有指针,表格中既存放实体的信息,也存放实体间的联系。

1. 关系术语

①关系:一个关系对应一个二维表,二维表名就是关系名。在 Visual FoxPro 中,一个关系存储为一个文件,文件扩展名为.dbf。表 1-1 中包含三个二维表,即三个关系。

②关系模式:二维表中的行定义、记录的类型,即对关系的描述称为关系模式,关系模式的一般形式为:

关系名(属性名 1,属性名 2,…,属性名 n)

在 Visual FoxPro 中表示为表结构:

表名(字段名 1,字段名 2,…,字段名 n)

表 1-1 中的两个关系模式表示为:

学生(学号,姓名,性别,出生日期,入学成绩,简历)

成绩(学号,课程名,成绩)

③元组:二维表的行在关系中称为元组。在 Visual FoxPro 中,一个元组对应表中一个记录。例如,学生表和成绩表两个关系中各包含多条记录(或多个元组)。

④属性:二维表中的列称为关系的属性,每个属性都有一个属性名,属性值则是各个元组属性的取值。表 1-1 中学生表的第 2 列属性,"姓名"是属性名,"段茜"则是第一个元组姓名属性的属性值。

在 Visual FoxPro 中,一个属性对应表中的一个字段,属性名对应字段名,属性值对应各个记录的字段值。

⑤域:属性的取值范围称为域。域作为属性值的集合,其类型与范围具体由属性的性质及其所表示的意义确定。同一属性只能在相同域中取值。表 1-1 中学生表的"性别"属性的域是{T,F},而"入学成绩"属性的域则是{400,…,600}。

⑥关键字:关系中能惟一区分、确定不同元组的属性或属性组合称为该关系的一个关键字。表 1-1 中"学号"属性可以作为关键字,而"出生日期"则不能作为关键字。

表1-1　　　　　　　　　　学生表、成绩表和课程表

学　号	姓　名	性别	出生日期	入学成绩	简　历
0410010046	段茜	F	1985-8-30	524.0	2004年进入湖北大学知行学院工商管理专业
0410010043	李雪玲	F	1986-2-16	492.0	2004年进入湖北大学知行学院工商管理专业
0410030011	周清华	T	1986-1-27	516.0	2004年进入湖北大学知行学院新闻专业
0410030016	陈丽萍	F	1986-10-15	549.0	2004年进入湖北大学知行学院新闻专业
0410010058	雷火亮	T	1984-8-1	470.0	2004年进入湖北大学知行学院工商管理专业
0410050023	黄称心	T	1984-10-24	602.0	2004年进入湖北大学知行学院法学专业
0410040025	蔡金鑫	T	1986-1-16	490.0	2004年进入湖北大学知行学院汉语言专业
0410010045	叶思思	F	1985-4-8	565.0	2004年进入湖北大学知行学院工商管理专业
0410030007	张慧	F	1986-10-12	464.0	2004年进入湖北大学知行学院新闻专业
0410050028	鲁力	T	1986-11-25	498.0	2004年进入湖北大学知行学院法学专业

学　号	课程名	成　绩
0410040025	简明中国古代史	86.0
0410040025	基础写作	72.0
0410040025	外国文学	79.0
0410030007	新闻采访与写作	68.0
0410030007	传播学	84.0
0410030007	新闻学概论	66.0
0410010046	宏观经济学	58.0
0410010046	经济预测方法	82.0
0410050023	刑法学	80.0
0410050023	法律逻辑学	86.0

课程号	课程名	学　时	学　分
4001	基础写作	72	4
4002	外国文学	90	5
4003	简明中国古代史	72	4
3001	新闻采访与写作	108	6
3002	传播学	54	3
3003	新闻学概论	54	3
1001	宏观经济学	90	5
1002	经济预测方法	54	3
5001	刑法学	126	7
5002	法律逻辑学	54	3

⑦外部关键字:关系中某个属性或属性组合并非关键字,但却是另一个关系的主关键字,称此属性或属性组合为本关系的外部关键字。关系之间的联系是通过外部关键字实现的。

2. 关系的特点

在关系模型中,关系具有以下特点:

①关系必须规范化。所谓规范化是在指关系模型中的每一个关系模式都必须满足一定的要求。最基本的要求是每个属性必须是不可分割的数据单元,即表中不能再包含表。

②在同一个关系中不能出现相同的属性名。Visual FoxPro 不允许同一个表中有相同字段名。

③关系中不允许有完全相同的元组,即冗余。

④在一个关系中元组的次序无关紧要。也就是说,任意交换两行的位置并不影响数据的实际含义。

⑤在一个关系中列的次序无关紧要。任意交换两列的位置也不影响数据的实际含义。

1.2.2 关系运算

关系运算对应于 Visual FoxPro 中对表的操作,在对关系数据库进行查询时,为了找到用户感兴趣的数据,需要对关系进行一定的运算。这些运算以一个或两个关系作为输入,运算的结果是产生一个新的关系。关系的运算主要有选择、投影和连接三种运算。

1. 选择运算

选择运算是指从关系中找出满足给定条件的元组,又称为筛选运算。选择的条件以逻辑表达式给出,使得逻辑表达式的值为真的元组被选中。选择是从行的角度进行的运算,即选择部分行,经过选择运算可以得到一个新的关系,其关系模式不变,但其中的元组是原关系的一个子集。

例如从表 1-1 的学生表中,按"入学成绩≥500.0"这个条件进行选择得到如表 1-2 所示的结果。

表 1-2   选择运算结果

学 号	姓 名	性 别	出生日期	入学成绩	简 历
0410010046	段茜	F	1985-8-30	524.0	2004 年进入湖北大学知行学院工商管理专业
0410030011	周清华	T	1986-1-27	516.0	2004 年进入湖北大学知行学院新闻专业
0410030016	陈丽萍	F	1986-10-15	549.0	2004 年进入湖北大学知行学院新闻专业
0410050023	黄称心	T	1984-10-24	602.0	2004 年进入湖北大学知行学院法学专业
0410010045	叶思思	F	1985-4-8	565.0	2004 年进入湖北大学知行学院工商管理专业

2. 投影运算

从关系模式中指定若干个属性组成新的关系称为投影。投影是从列的角度进行的运算,经过投影可以得到一个新关系,其关系模式所包含的属性个数往往比原关系少,或者属性的排列顺序不同。投影运算提供了垂直调整关系的手段,体现出关系中列的次序无关的特性。

选择运算和投影运算经常联合使用,从数据库文件中提取某些记录和某些数据项。

例如,对表1-1的学生信息进行投影运算,投影选择姓名、性别、入学成绩,得到如表1-3所示的结果。

表1-3　　　　　　　　　　　　　投影运算结果

姓　名	性　别	入学成绩
段茜	F	524.0
李雪玲	F	492.0
周清华	T	516.0
陈丽萍	F	549.0
雷火亮	T	470
黄称心	T	602
蔡金鑫	T	490
叶思思	F	565
张慧	F	464
鲁力	T	498

3. 连接运算

从两个关系中选取满足连接条件的元组组成新关系称为连接。连接是关系的横向结合,连接运算将两个关系模式的属性名拼接成一个更宽的关系模式,生成的新关系中包含满足连接条件的元组。连接过程是通过连接条件来控制的,连接条件中将出现两个关系中的公共属性名,或者具有相同语义、可比的属性。

例如,对表1-1中的两张表,按学号相等,选择学号、姓名、课程名、成绩,得到如表1-4所示的结果。

表1-4　　　　　　　　　　　　　连接运算结果

学　号	姓　名	课　程　名	成　绩
0410010046	段茜	宏观经济学	58
0410010046	段茜	经济预测方法	82
0410050023	黄称心	刑法学	80
0410050023	黄称心	法律逻辑学	86
0410040025	蔡金鑫	简明中国古代史	86
0410040025	蔡金鑫	基础写作	72
0410040025	蔡金鑫	外国文学	79
0410030007	张慧	新闻采访与写作	68
0410030007	张慧	传播学	84
0410030007	张慧	新闻学概论	66

选择和投影运算都是一目运算,它们的操作对象只是一个关系,相当于对一个二维表进行切割。连接运算是二目运算,需要两个关系作为操作对象,如果需要连接两个以上的关系,应当两两进行连接。

1.3 Visual FoxPro 系统概述

随着软件技术和数据库技术的飞速发展,数据库管理系统日益成熟,尤其是图形界面技术、网络技术、多媒体技术的出现及其技术水平的不断提高,使数据库管理系统的应用更加广泛。Visual FoxPro 6.0 系统作为 20 世纪 90 年代的高级数据库管理系统软件,在 80 年代流行的 xBASE 系统软件的基础上提供了诸多新的功能特性,成为性能完善的编程语言。

1.3.1 Visual FoxPro 的发展历史

FoxPro 的前身是 20 世纪 80 年代初期推出的 dBASE 微机数据库系列产品。

1981 年 Ashton-Tate 公司推出了 dBASE II 微机数据库,运行于 CPM 微机上。随后又推出了 dBASE III 及 dBASE III plus。由于该产品操作方便、性能优越,特别适于用 PC 机进行数据管理,因而当时得到了广大用户的普遍接受,占据了 PC 机数据库 70% 以上的市场份额。

1984 年,美国的另一家关系数据库产品公司 Fox Software 公司推出了它的第一个数据库产品 FoxBASE。FoxBASE 完全兼容 dBASE 产品,运行速度远远超过 dBASE III,并且引进了编译器。由于 FoxBASE 比 dBASE 优越,因此 Fox Software 公司逐步抢去了 Ashton-Tate 公司占领的市场。随后 Fox Software 公司推出了 FoxBASE 的升级版本 FoxBASE + 2.0 和 FoxBASE + 2.1。1989 年推出了 FoxBASE 产品的升级换代产品 FoxPro 1.0,该产品极大地扩充了 xBASE 语言的命令,并且完全兼容 dBASE 和 FoxBASE。在该产品中引进了 DOS 操作系统下的彩色文本窗口界面,支持鼠标操作,给用户提供了一个非常友好的操作界面。1991 年 Fox Software 公司又推出了 FoxPro 1.0 的升级版本 FoxPro 2.0。在该版本中引进了 Rushmore 查询优化技术、结构化查询语言(SQL)、自动生成报表技术、自动生成程序代码技术等一系列非常先进的技术,使 FoxPro 的功能发生了质的飞跃,达到了前所未有的高度。

1992 年,微软公司收购了 Fox Software 公司,使 FoxPro 成为微软系列产品之一,FoxPro 系列产品得以迅速发展。Visual FoxPro 是在早期的 dBASE II/III、FoxBASE/plus、FoxPro 等 xBASE 微机数据库管理系统软件不断演变和发展的基础上发展起来的。1994 年微软公司陆续推出了 FoxPro 2.5 和 FoxPro 2.6 版本。1995 年微软公司推出了面向对象的关系数据库 Visual FoxPro 3.0,该产品是一个可以运行在 Windows 3.X、Windows 95、Windows 98 和 Windows NT 环境中的 32 位数据库开发系统。在该产品中引进了面向对象的编程技术和数据库设计技术,采用了可视化的概念,明确地提出了客户/服务器体系结构。1997 年微软公司推出了 Visual FoxPro 5.0 中文版,该版本引进了对 Internet 和 Intranet 的支持,首次在 FoxPro 中实现了 ActiveX 技术。1998 年微软公司又推出了 FoxPro 的新产品 Visual FoxPro 6.0,该版本增强了同其他产品之间的协同工作能力。

1.3.2 Visual FoxPro 的特点

Visual FoxPro 是一个比较有特色的数据库管理系统,它将非过程化的数据库操作语言和过程化的高级语言融为一体,并且还提供了多种可视化编程工具,支持面向对象程序设计方法。因此,不需要其他高级语言和开发工具,直接使用 Visual FoxPro 就可以进行数据库应用系统开发。

1. 快速创建应用程序

用户可以使用 Visual FoxPro 系统提供的项目管理器、向导、生成器、工具栏和设计器等软件开发和管理的有效工具编制系统程序。这些工具极大地提高了程序设计的自动化程度,减少了程序的设计、编辑和运行时间,也方便了用户对程序的操作。

2. 数据库的操作简便

Visual FoxPro 系统中的数据库,是以数据表的形式出现的。每一个表有一个数据字典,允许用户为数据库中的每一个表增加规则、视图、持久关系以及链接。每个 Visual FoxPro 系统数据库都可以由用户扩展并通过语言和可视化设计工具来操作。

3. 多个用户可以一起开发程序

Visual FoxPro 系统提供允许同时访问数据组件的能力,使多个用户能够一起开发应用程序。使用"项目管理器"的源代码管理程序,可以跟踪或保护源代码的修改。使用"数据库"菜单中的"刷新"命令,可以跟踪或保护表或视图的定义。

4. 可与其他应用程序交互操作

Visual FoxPro 可以使用来自其他应用程序的对象,与其他程序之间导入导出数据,还可以与其他 Microsoft 应用程序实现数据共享。

5. 独特的客户/服务器解决方案

Visual FoxPro 系统可以相当方便地存储、检索和处理服务器平台上的关键信息,可以通过特定技术直接访问服务器,提供了灵活、可靠、安全的客户/服务器解决方案。

6. 可以升级早期版本

Visual FoxPro 系统对 FoxPro 生成的应用程序向下兼容。在 Visual FoxPro 环境下,用户可以直接运行 FoxPro 程序,可以编辑已有的 FoxPro 程序,也可以更新 FoxPro 程序,使 Visual Fox-Pro 程序的性能更强大。

1.3.3　Visual FoxPro 性能指标

在选择数据库系统或者设计数据库管理应用程序时需要考虑数据库系统的某些性能指标,下面列出了 Visual FoxPro 6.0 的主要性能指标。

- 每一个数据表可以容纳的最大记录数:10 亿条。
- 每一个表文件的最大长度:2GB 字节。
- 每一条记录的最大长度:64KB 字节。
- 每一个数据表结构中字段数的最大值:255 个。
- 可以一次在内存中打开表的最大个数:255 个。
- 字符型字段的最大长度:255 字节。
- 数值型字段表示十进制数的最大位数:20 位。
- 浮点型字段表示十进制数的最大位数:20 位。
- 数值计算时最多可以精确的位数:16 位。
- 整数的最大值:+2147483647
- 整数的最小值:−2147483647
- 最多可以定义的内存变量的个数:65 000。

- 数组下标的最大值:65 000。
- DO 调用命令最多可以嵌套的层数:128 层。
- READ 命令最多可以嵌套的层数:5 层。
- 结构化程序设计命令的最大嵌套层数:384 层。
- 在自定义的过程或者函数中可以传递参数的最大值:27。
- 报表页面可以定义的最大长度:20 英寸。
- 报表分组的最大层数:128 层。
- 可以同时打开浏览窗口的最大个数:255 个。
- 每一行命令的最大长度:8 192 字节。
- 每一个宏替换的最大长度:8 192 字节。
- SQL SELECT 语句可以选择字段个数的最大值:255。

1.3.4 Visual FoxPro 文件类型

在计算机中,数据是以文件的形式存放在磁盘上的。为了便于查找,每个文件有一个确切的名称及其存放的目录,具体格式如下:

[盘符:][路径]<主文件名>[.扩展名]

- 盘符:表示存放文件的物理磁盘的名称,如 A,B,C 等。
- 路径:表示文件存放在磁盘上具体位置的目录名。
- 主文件名:是文件的代号,由汉字、字母、数字和其他字符组成,由用户指定。
- 扩展名:用于区别不同文件的类型。Visual FoxPro 的文件类型如表 1-5 所示。

表 1-5　　　　　　　　　　**Visual FoxPro 的文件类型**

扩展名	文件类型	扩展名	文件类型
ACT	向导操作的文档	APP	应用程序
BAK	备份文件	CDX	复合索引文件
CHM	组合 HTML 帮助文件	DBC	数据库文件
DBF	表文件	DBG	调式器配置文件
DBT	FoxBASE + 风格的备注文件	DCT	数据库备注(说明)文件
DCX	数据库索引文件	DEP	从属文件
DLL	Windows 动态链接函数库	DOC	FoxDoc 报告
ERR	编译错误信息文件	ESL	Visual FoxPro 支持的函数库
EXE	可执行程序文件	FKY	宏文件
FLL	FoxPro 动态链接函数库	FMT	格式文件
FPT	表备注(说明)文件	FRT	报表备注文件
FRX	报表文件	FXD	FoxDoc 支撑文件
FXP	PRG 编译后的 FoxPro 程序文件	H	头文件

续表

扩展名	文件类型	扩展名	文件类型
HLP	图形样式帮助文件	IDX	标准索引及压缩索引文件
LBT	标签备注(说明)文件	LBX	标签文件
LOG	覆盖记录文件	LST	向导列表(清单文件)的文档
MEM	内存变量存储文件	MNT	菜单备注文件
MNX	菜单说明文件	MPR	生成的菜单程序
MPX	编译后的菜单程序文件	MSG	FoxDoc 信息文件
OCX	ActivateX(或 OLE)控件	PJT	项目备注文件
PJX	项目文件	PLB	FoxPro for DOS 库 API 文件
PRG	FoxPro 程序文件	PRX	编译后的格式文件
QPR	生成的查询程序文件	QPX	编译后的查询程序
SCT	表单备注(窗体说明)文件	SCX	表单(窗体)文件
SPR	生成的屏幕文件(3.0以前版本)	SPX	编译后的屏幕文件(3.0以前版本)
TBK	备注(说明)文件备份文件	TMP	临时文件
TXT	文本文件	VCT	可视类库备注文件
VCX	可视类库文件	VUE	FoxPro 2.x 视图文件
WIN	窗口文件的文件		

1.4 小结

数据库系统是一个应用系统,它是在计算机硬、软件系统支持下,由用户、数据库管理系统、存储在设备上的数据和数据库应用程序构成的数据处理系统。

Visual FoxPro 是微软公司推出的关系数据库管理系统,它功能强大、结构简单、使用方便,而且实现容易。

本章内容要点:

(1)了解信息、数据与数据处理的含义及数据管理的进展;

(2)了解数据库系统的基本概念、特点和数据模型;

(3)理解关系模型和关系运算的基本概念;

(4)了解 Visual FoxPro 的历史和特点。

1.5 习题

一、选择题

1. 下列实体类型的联系中,属于多对多联系的是(   )
   A. 学生与课程之间的联系
   B. 学校与教师之间的联系
   C. 商品条形码与商品之间的联系
   D. 班级与班长之间的联系

2. 采用二维表格结构表达实体及实体之间联系的数据模型是(   )
   A. 层次模型
   B. 网状模型
   C. 关系模型
   D. 实体联系模型

3. 专门的关系运算不包括下列的哪一种运算(   )
   A. 连接运算
   B. 选择运算
   C. 投影运算
   D. 并运算

4. 数据库 DB、数据库系统 DBS、数据库管理系统 DBMS 三者之间的关系是(   )
   A. DBS 包括 DB 和 DBMS
   B. DBMS 包括 DB 和 DBS
   C. DB 包括 DBS 和 DBMS
   D. DBS 就是 DB,也就是 DBMS

5. 下列数据库系统的叙述中,正确的是(   )
   A. 表的字段之间和记录之间都存在联系
   B. 表的字段之间和记录之间都不存在联系
   C. 表的字段之间不存在联系,而记录之间存在联系
   D. 表中只有字段之间存在联系

6. Visual FoxPro 6.0 是一种关系型数据库管理系统,所谓关系是指(   )
   A. 各条记录中的数据彼此有一定的关系
   B. 一个数据库文件与另一个数据库文件之间有一定的关系
   C. 二维表格
   D. 数据库中各个字段之间彼此有一定的关系

7. 专门的关系运算中,投影运算是指(   )
   A. 在基本表中选择满足条件的记录组成一个新的关系
   B. 在基本表中选择字段组成一个新的关系
   C. 在基本表中选择满足条件的记录和属性组成一个新的关系
   D. 上述说法都是正确的

8. 数据库系统与文件系统的主要区别是(   )

A. 数据库系统复杂,而文件系统简单
B. 文件系统不能解决数据冗余和数据独立性问题,而数据库系统可以解决
C. 文件系统只能管理程序文件,而数据库系统能够管理各种类型的文件
D. 文件系统管理的数据量较少,而数据库系统可以管理庞大的数据量

二、填空题

1. 数据管理技术经历了人工处理阶段、_____和_____三个发展阶段。
2. 实体与实体之间的联系有三种,即一对一联系、_____和_____。
3. 概念模型中的实体是关系模型中的_____,而概念模型中的属性是关系模型中的_____。
4. 关系是具有相同性质的_____的集合。
5. 二维表中的列称为关系的_____;行称为关系的_____。

第2章 Visual FoxPro 6.0集成开发环境

本章内容是操作 Visual FoxPro 6.0 的基础,要求读者熟练掌握 Visual FoxPro 6.0 的安装和启动;熟悉 Visual FoxPro 6.0 的主窗口;熟练掌握项目管理器的使用;初步了解 Visual FoxPro 6.0 的向导、设计器和生成器的用途。

2.1 Visual FoxPro 6.0 的安装与启动

2.1.1 Visual FoxPro 6.0 的运行环境

1. 硬件配置

Visual FoxPro 6.0 功能强大,对于系统的硬件要求却并不是很大,它的硬件安装要求如下:

- 一台带有 486 66MHZ 处理器(或更高档处理器)的计算机
- 一个鼠标(机械式或光电式)
- 内存 16MB 以上(已设虚拟内存的计算机,要求内存容量在 8MB 以上)
- 最小化安装需要 15MB 硬盘空间,典型安装需要 100MB 硬盘空间,最大安装需要 240MB 硬盘空间
- 若要进行网络安装需要一个支持 WINDOWS 的网络和一个带硬盘的服务器
- 推荐使用 VGA 或更高分辨率的监视器

2. 软件配置

- WINDOWS 95/98 中文版、WINDOWS NT3.5 及其以上版本
- 如果是多用户使用,还应具有相应的网络环境

2.1.2 Visual FoxPro 6.0 的安装

1. CD-ROM 安装的方法,安装步骤如下:
①将光盘插入 CD-ROM 驱动器。
②单击"开始"菜单,选择"运行"选项。
③键入 F:\setup (F 是光盘驱动器号),并按回车键(Enter)。
④按照向导选择安装形式并完成安装。在安装向导启动后,会依次显示如图 2-1 所示的安装窗口。
⑤退出安装。

2. 对于网络上的用户,可以实现资源的共享,其安装过程如下:
①将光盘插入与网络相连的工作站的任何共享的 CD-ROM 驱动器中。
②从"资源管理器"的目录中选择"映射网络驱动器",将 CD-ROM 进行映射。

③从"资源管理器"的目录中选择映射的驱动器,找到 setup.exe 的文件并运行。
④按照向导选择安装形式并完成安装。
⑤退出安装。

注意:如果你在计算机上运行了防病毒程序,请在运行安装向导之前将它关闭。因为防病毒程序运行时,安装向导不能正常使用。在完成 Visual FoxPro 6.0 的安装后,即可重新启动防病毒程序了。

图 2-1　Visual FoxPro 的安装

2.1.3 安装后自定义系统

完成 Visual FoxPro 6.0 安装后,用户可能希望自定义自己的系统,包括添加或删除 Visual FoxPro 6.0 的某些组件,更新 Windows 注册表中的注册项,安装 ODBC 数据源。其操作方法如下:

①单击任务栏上的"开始"菜单,选择"设置(S)…"选项。
②选择"控制面板(C)",在打开的窗口中双击"添加/删除程序"的图标。
③出现"添加/删除程序 属性"的对话框,在列表框中选择"Microsoft Visual FoxPro 6.0(简体中文)",并单击"添加/删除(R)…"按钮。
④在出现的"Visual FoxPro 6.0 安装程序"对话框中单击"添加/删除(A)"按钮,即可打开"Visual FoxPro 6.0—自定义安装(U)"对话框。
⑤用户可以在对话框中选择或清除适当的选项来添加或删除组件,确定后单击"继续(C)"按钮。
⑥系统将根据用户所选定的组件进行安装,安装完毕后退出。

2.1.4 Visual FoxPro 6.0 的启动

正确地安装 Visual FoxPro 6.0 后,系统将在 WINDOWS 任务栏"开始/程序"中自动建立程序组:Microsoft Visual FoxPro 6.0。

启动 Visual FoxPro 6.0 与启动 Windows 应用程序一样有多种方法,常见的方法有:

①单击"开始"菜单,选择"程序"选项,找到"Microsoft Visual FoxPro 6.0"组,选择其中的"Microsoft Visual FoxPro 6.0"项,即可启动 Visual FoxPro 6.0。
②在 Windows 的桌面上建立 Microsoft Visual FoxPro 6.0 的快捷方式,双击该快捷方式图标即可启动 Visual FoxPro 6.0。

第一次启动中文 Microsoft Visual FoxPro 6.0 时,将弹出如图 2-2 所示的欢迎屏。如果单击第一个按钮,则弹出如图 2-3 所示的"创建"对话框,准备创建一个新的空项目。可以在该项目中添加已有的项,或者在其中创建新项。

图 2-2 Visual FoxPro 6.0 欢迎屏

在"项目文件"文本框中键入项目名称后单击"保存"按钮,则建立一个项目文件,并打开项目管理器,进入 Microsoft Visual FoxPro 6.0 的主界面,如图 2-4 所示。

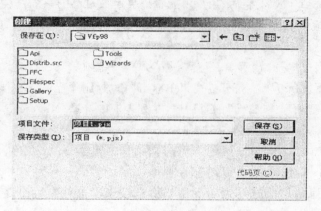

图 2-3 "创建"对话框

如果在欢迎屏上单击"关闭此屏"按钮,可以直接打开系统的主界面,而不打开项目管理器。当选中欢迎屏左下角的"以后不再显示此屏"复选框之后,再单击"关闭此屏"按钮,以后再启动时便会直接进入主界面。

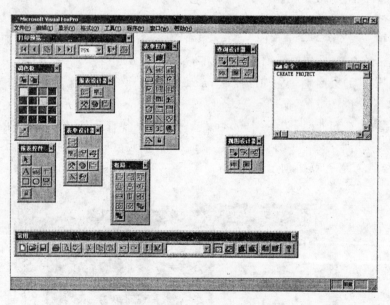

图 2-4 Visual FoxPro 6.0 的主界面

2.1.5 Visual FoxPro 6.0 的退出

退出 Visual FoxPro 6.0 系统的方法有如下几种:
① 在"命令"窗口内直接键入"quit"命令,然后按回车键后即可退出。
② 直接按下 <Alt> + <F4> 健。
③ 在"文件"菜单中,选择"退出(X)"命令。

④单击 Visual FoxPro 6.0 窗口右上角的"关闭"按钮。

⑤双击 Visual FoxPro 6.0 窗口左上角的控制菜单图标,在弹出快捷的快捷菜单中选择"关闭(C)"命令即可。

2.1.6 Visual FoxPro 6.0 系统的配置

1. 系统配置

Visual FoxPro 6.0 安装完成后,需要设置开发的环境,即设置主窗口标题、默认目录、项目、编辑器、调试器以及表单工具选项、临时文件存储、拖放字段对应的控件和其他选项等内容。Visual FoxPro 6.0 的配置决定了它的外观和行为,例如我们可以建立 Visual FoxPro 6.0 所用文件的默认位置,指定如何在编辑窗口中显示源代码以及日期与时间的格式等。配置 Visual FoxPro 6.0 既可以用交互式方法,也可以用编程的方法,甚至还可以使 Visual FoxPro 6.0 启动时调用自己建立的配置文件。

对 Visual FoxPro 6.0 配置所进行的更改既可以是临时的,也可以是永久的。如果是临时设置,那么它们保存在内存中并在退出 Visual FoxPro 6.0 时释放。如果是永久设置,那么它们将保存在 Windows 注册表中,当启动 Visual FoxPro 6.0 时,它读取注册表中的配置信息并根据它们进行配置,读取注册表后,Visual FoxPro 6.0 还会查找一个配置文件,配置文件一般是文本文件,用户可以在其中存储设置值来覆盖保存在注册表中的默认值。Visual FoxPro 6.0 启动以后,还可以使用"选项"对话框或"set"命令进行附加的配置设定。

2. 系统配置的方法

在主菜单中选择"工具(T)"中的"选项(O)..."命令,打开"选项"对话框,如图 2-5 所示。该窗口共有:"控件"、"区域"、"调试"、"语法着色"、"字段映像"、"显示"、"常规"、"数据"、"远程数据"、"文件位置"、"表单"、"项目"12 个标签项。每个标签项具有不同的功能,它们分别用来设置下列内容:

● 控件:在"表单控件"工具栏中的"查看类"按钮所提供的有关可视类库和 ActiveX 控件选项。

● 区域:日期、时间、货币以及数字格式。

● 调试:调试器显示以及跟踪选项,如使用什么字体与颜色。

● 语法着色:区分程序元素所用的字体以及颜色,如注释与关键字。

● 字段映像:从数据环境设计器、数据库设计器或项目管理器中,向表单拖放表或字段时,创建何种控件。

● 显示:界面选项,如显示状态栏、时钟、命令结果或者系统信息。

● 常规:数据输入与编程选项,如设置警告声音、是否记录编译错误、是否自动填充新记录、使用什么定位键以及改写文件之前是否警告等。

● 数据:表选项,如是否使用 Rushmore 优化、是否使用索引强制惟一性、备注块的大小、查找的记录计数器间隔以及使用什么锁定选项。

● 远程数据:远程数据访问选项,如连接超时限定值、一次拾取记录数目以及如何使用 SQL 更新。

● 文件位置:Visual FoxPro 默认目录位置,帮助文件存储在何处以及辅助文件存储的位置。

● 表单:表单设计器选项,如网络面积、所用刻度单位、最大设计区域以及使用何种模板。

- 项目:项目管理器选项,如是否提示使用向导、双击时运行或修改文件,以及源代码管理选项。

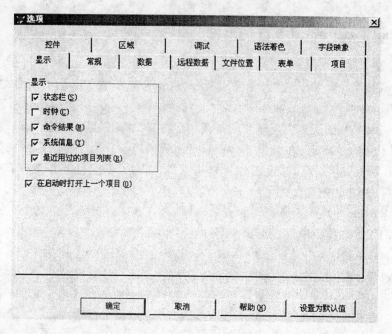

图 2-5 "选项"对话框

3. 保存设置

- 将设置保存为仅在当前工作期有效的方法:

在"选项"对话框中根据用户的需要选择各标签项中的参数后,单击"确定"按钮即可。

这种方法可以将设置的参数保存为仅在当前工作期有效,它们一直起作用,直到退出 Visual FoxPro 或直到再次更改它们为止。

- 将设置保存为永久性的方法:

在"选项"对话框中根据用户的需要选择各标签项中的参数后,单击"设置为默认值"按钮,然后再单击"确定"按钮即可。

这种方法可以将设置参数永久性保存在 Windows 注册表中,直到使用同样的方法更改为止。

2.2 Visual FoxPro 6.0 的用户界面

与所有的 Windows 应用程序一样,Visual FoxPro 6.0 也采用图形用户界面,主要通过鼠标来进行操作。

2.2.1 Visual FoxPro 6.0 的主界面

启动 Visual FoxPro 6.0 后,屏幕上显示如图 2-4 所示的用户界面。这是一个集成开发环境,其组成与其他 Windows 应用程序窗口类似,所不同的是工作区中有一个命令窗口(Command)。

Visual FoxPro 6.0 窗口通常由以下几个部分组成：

1．标题栏

位于 Visual FoxPro 6.0 窗口顶端，通常都有一个名字，作为窗口的标识。标题栏右端从左到右依次是最小化按钮、最大化按钮和关闭按钮。

2．菜单栏

位于标题栏下面，其中包含有 8 个菜单项："文件（F）"、"编辑（E）"、"显示（V）"、"格式（O）"、"工具（T）"、"程序（P）"、"窗口（W）"、"帮助（H）"。

3．工具栏

位于菜单栏下面，由若干工具按钮组成，每个按钮对应一项特定的功能。Visual FoxPro 6.0 提供了 11 种工具栏。启动 Visual FoxPro 6.0 后，显示的是常用工具栏。该工具栏集中了 Visual FoxPro 6.0 中最常用的命令，例如创建、打开、保存文件、复制、粘贴等命令的按钮。

4．窗口工作区

又称主窗口，用于显示命令或程序的执行结果，或显示 Visual FoxPro 6.0 提供的工具栏。

5．命令窗口

命令窗口位于主窗口内，其主要作用是显示命令。

（1）命令窗口的功能

命令窗口能够将在 Visual FoxPro 6.0 开发环境中所进行的每一步操作都以代码形式显示出来，利用这一特点，我们可以很快掌握 Visual FoxPro 6.0 的一些常用代码，而且这些代码基本上在编程时都可以直接使用的。

在命令窗口直接输入命令时，如果命令中有 Visual FoxPro 6.0 关键字，系统将会以显著的颜色表示出来，通过这一特点，可以帮助我们记住一些常用命令。如果在输入命令时出现拼写或语法错误，Visual FoxPro 6.0 会显示错误提示框，提醒我们修改。

当我们选择菜单命令时，相应的 Visual FoxPro 6.0 语句自动反映在"命令"窗口中。

将光标移动到使用过的命令行中，按 Enter 键，系统将重新执行该命令。

若要分割很长的命令，可以在所需位置的空格后键入分号，然后按 Enter 键。

（2）输入和编辑命令

"命令"窗口是一个可编辑的窗口，我们可以在"命令"窗口中执行插入、删除、复制、移动等操作，还可以用光标键或滚动条在窗口中上下移动。如果要输入一条和上次相差不多的命令时，可以：

- 将光标移动到该命令处；
- 修改该命令；
- 按 Enter 键。

系统将执行该命令，看上去原来的命令被修改了，但当新的命令执行完后，会看到被修改的命令还在"命令"窗口中，而窗口底部增加了刚执行的那条命令。

（3）"命令"窗口的快捷菜单

在"命令"窗口中单击鼠标右键，可以显示一个具有下列选项的快捷菜单，如图 2-6 所示。对其中的各项命令说明如下：

剪切、复制、粘贴：在"命令"窗口中移动或删除字符。

生成表达式：显示表达式生成器窗口，在该窗口中可以使用命令、字段等定义一个表达式。当单击"确定"时，所生成的表达式就粘贴到"命令"窗口中。

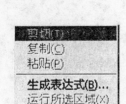

图 2-6 命令窗口的快捷菜单

运行所选区域：将"命令"窗口中选定的文本作为新命令执行。

清除：从"命令"窗口中移去以前执行命令的列表。

属性：显示属性窗口，在该窗口中可以改变"命令"窗口中的编辑行为、制表符宽度、字体和语法及着色等选项。

2.2.2 工具栏的使用

在前面的内容中，我们已经对工具栏进行了简单的介绍，知道在 Visual FoxPro 6.0 默认的主界面中仅包括"常用"工具栏。

所有的工具栏按钮都有文本提示功能，当把鼠标指针停留在某个按钮上时，系统以文字的形式显示它的功能。除了"常用"工具栏之外，Visual FoxPro 6.0 还提供了 10 个其他的工具栏，工具栏的名称分别为：报表控件、报表设计器、表单控件、表单设计器、布局、查询设计器、打印预览、调色板、视图设计器、数据库设计器。

如图 2-4 所示的主界面中，我们看到所有被显示出来的工具栏，用户可以将其拖放到主窗口的任意位置。

1. 显示或隐藏工具栏

工具栏会随着某一些类型的文件打开后自动打开。例如当新建或打开一个数据库文件时，将自动显示"数据库设计器"工具栏，当关闭了数据库文件之后该工具栏将自动关闭。也可以在任何时候打开任何工具栏，方法是通过"显示"菜单设置。

要想显示或隐藏工具栏，可以单击"显示"菜单，从下拉菜单中选择"工具栏"，弹出"工具栏"对话框，如图 2-7(a)所示。单击鼠标选择相应的工具栏，然后单击"确定"按钮，便可显示或隐藏指定的工具栏。

也可以用鼠标右键在任何一个工具栏的空白处单击，打开工具栏的快捷菜单，如图 2-7(b)所示，从中选择要显示或隐藏的工具栏。

2. 定制工具栏

除了上述系统提供的工具栏之外，为方便操作，用户还可以创建自己的工具栏或者修改现有的工具栏，统称为定制工具栏。例如，在开发"学生管理系统"应用系统过程中，可以把常用的工具按钮集中在一起，建立一个名为"XSCJ"工具栏。用户创建的工具栏的使用方法与其他工具栏相同。

定制工具栏的具体操作步骤如下：

①单击"显示"菜单，从下列菜单中选择"工具栏"，弹出如图 2-8(a)所示的"工具栏"对话框；

②单击"新建"按钮，弹出"新工具栏"对话框，如图 2-8(b)所示；

③键入工具栏名称"XSGL"，单击"确定"按钮，弹出"定制工具栏"对话框，如图 2-8(c)所示，在主窗口上同时出现一个空的"XSGL"工具栏；

④单击选择"定制工具栏"左侧的"分类"列表框中的任何一类，其右侧便显示该类的所有按钮；

⑤根据需要选择其中的按钮，并将它拖动到"XSGL"工具栏上即可，所创建的一组"XSGL"工具按钮如图 2-8(d)所示；

第2章 Visual FoxPro 6.0集成开发环境

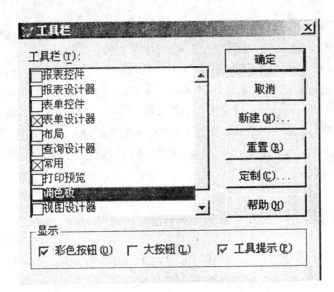

图 2-7(a) "工具栏"对话框　　　　图 2-7(b) 工具栏快捷菜单

⑥单击"定制工具栏"对话框上的"关闭"按钮,完成定制工具栏。

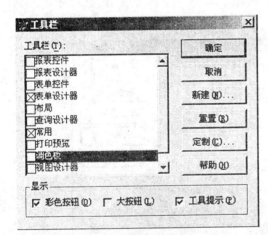

图2-8(a) "工具栏"对话框

图2-8(b) "新工具栏"对话框

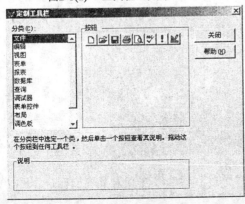

图2-8(c) "定制工具栏"对话框

图2-8(d) 定制的XSGL工具按钮

3. 修改现有的工具栏

要修改已存在的工具栏,首先显示出要修改的工具栏。单击"显示"菜单,选择"工具栏"命令,在弹出的"工具栏"对话框中单击"定制"按钮,弹出"定制工具栏"对话框。

①在要修改的工具栏上拖放新的图标按钮可以增加新工具按钮。

②从工具栏上用鼠标直接将其按钮拖动到工具栏之外可以删除该工具。

修改完成后,单击"定制工具栏"对话框上的"关闭"按钮即可。

在"工具栏"对话框中,当选中系统定义的工具栏时,右侧有"重置"按钮。单击该按钮则,可以将用户定制过的系统工具栏恢复到默认构成。当选中用户创建的工具栏时,右侧出现"删除"按钮。单击该按钮并确定,则可以删除用户创建的工具栏。

2.3 Visual FoxPro 项目管理器

在 Visual FoxPro 6.0 中开发一个数据库应用系统时,往往要使用许多数据文件、文档文件和程序文件,这些文件统称为项目。而项目管理器则是 Visual FoxPro 6.0 的控制中心,处理数据和对象的主要组织工具,如图 2-9 所示。

当将数据库、表、表单等放入项目管理器后,需要时,只要打开项目管理器,就可以直接从项目管理器中读取,而不必再去磁盘中搜索需要的文件。可以用项目管理器建立数据库、表、表单、报表等,也可以把已有的 DBF 文件添加到一个新的项目中。

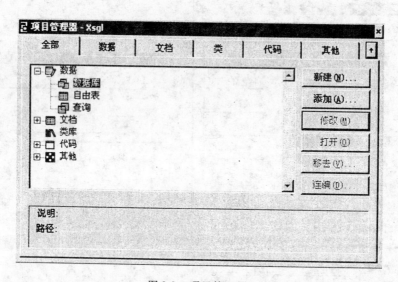

图 2-9 项目管理器

建议大家养成这样的一个习惯:在开始任何一个应用时,首先为该应用新建一个项目,以项目管理器为中心,所有新建、添加、修改、运行或移去文件的工作都通过项目管理器来完成。

2.3.1 项目管理器的文件类型

一个 Visual FoxPro 6.0 项目包含若干独立的组件,这些组件作为单独的文件保存,可以在一个项目管理器中创建不同的应用对象,如程序、表单、菜单、库、报表、标签、查询和一些其他类型的文件。下面就来简单地介绍这些文件的功能与作用。

1. 数据库(.dbc)

数据库是以一定的组织方式将相关的数据组合在一起,存放在计算机外存储器上形成的,能为多个用户共享,与应用程序彼此独立的一组相关数据的集合。在 Visual FoxPro 中,数据库是一个容器,是由若干个相互之间具有一定关系的数据表组成的文件。字段、记录、数据表与数据库的关系可以概括为:字段->记录(多个字段)->数据表(多条记录)->数据库(多个数据表)。

用户管理的数据存放在数据表中,以单独的文件形式存在;为了对表的数据进行分类和快速检索,需要建立表的索引;通过表的试图,可以得到表中所需要的数据;多个表之间可以建立关系;要操作远程数据可以进行连接;用户完成特定功能的程序可以存放到存储过程中。

2. 表(.dbf)

按照关系数据库的理论,二维表就是关系模型中的一个关系,称为表。表是数据库中的信息存储器,用来存储各种数据,Visual FoxPro 中其他对象的使用都要建立在表的基础上。数据库中的数据并不存储于数据库文件中,而是存储在表文件中。表是 Visual FoxPro 处理数据和建立关系型数据库以及应用程序的基本单位。根据表是否属于数据库,可将表分为数据库表和自由表。

3. 查询(.qpr)和视图

查询就是向一个数据库发出检索信息的请求,从中提取符合特定条件的记录,用于检索数据,按照某种特定的规则从数据表中提取用户所需要的信息,并另存为一种新的数据形式。

而视图是存在于数据库中的一个虚表,不以独立的文件形式保存。视图中的数据是可以更改的,它不仅具有查询功能,而且可以把更新结果反映到源数据表中。视图在打开时,其基表自动被打开,但视图关闭时,其基表不会自动关闭。视图的数据源可以是自由表、数据库表或另一个视图。

4. 报表(.frx)与标签(.lbx)

根据已有数据表中的数据,产生各种形式的报表或标签是数据库管理中的一项很重要的工作。为了方便地将数据表中的数据打印出来,Visual FoxPro 提供了报表和标签文件。报表是通过打印机将所需要的记录用书面形式输出来的一种形式。报表保存后系统会产生两个文件,即报表定义文件(.frx)和报表备注文件(.frt)。标签指的是邮政标签、信封等,是数据库管理系统生成的最普通的一类报表。标签保存后系统会产生两个文件,即标签定义文件(.lbx)和标签备注文件(.lbt)。

5. 表单(.scx)

表单即用户与计算机进行交流的一种屏幕界面,用于数据的显示、输入、修改。该界面可以是自行设计和定义的,是一种容器类,可以包括多个控件(或称为对象)。

6. 菜单(.mnx)

在我们所使用的各类软件即操作系统中,菜单为用户提供了一个结构化访问的途径,从而方便了用户使用应用程序中的命令和工具。菜单系统由菜单栏、菜单标题、菜单以及菜单项组成。它常处于程序的主窗口中,是构成应用程序主框架的一个重要组成部分。

在设计菜单时,应遵循以下原则:

● 根据用户任务组成菜单系统。
● 给每个菜单和菜单项设置一个意义明了的标题。
● 按照估计的菜单项使用频率\逻辑顺序或字母顺序组织菜单项。

- 在菜单项的逻辑组之间放置分隔线。
- 给每个菜单和菜单项设置热键或键盘快捷键。
- 将菜单上菜单项的数目限制在一个屏幕之内,如果超过了一屏,则应为其中一些菜单项创建子菜单。

7. 程序(.prg)

程序设计是为了完成某一任务而编写的指令集合,它是人与计算机进行信息交流的工具。程序设计要在一定的程序设计语言环境下进行,Visual FoxPro 的程序设计同传统的程序设计有很大的不同,在 Visual FoxPro 中可以同时应用面向过程和面向对象的编程方式。

8. 类(.vcx)

面向对象的程序设计是通过对类、子类和对象等的设计来体现的,类是面向对象程序设计技术的核心,它定义了对象特征以及对象外观和行为的模板。

类可以由已存在的类派生而来,类之间是一种层次结构。在这种层次结构中,处于上层的类称为父类,处于下层的类称为派生类。在 Visual FoxPro 中,类具有隐藏内部的复杂性、封装、子类、继承性等特点,这使得代码更容易使用和维护,使程序编写更加简洁。

2.3.2 项目管理器的按钮

项目管理器窗口中包含多个按钮,而且这些按钮还随着用户所选项目的不同而变化。例如,只有当用户选中了一个具体的表时,"浏览"按钮才会出现。下面是项目管理器中各按钮的意义。

1. 新建(New)

新建按钮用于生成一个新文件,它与"文件"菜单中的"新建"命令是等效的,生成的新文件或对象的类型依当前在项目管理器中所选的类型而定。

2. 添加(Add)

在项目文件中加入一个已有的文件。

3. 修改(Modify)

打开选中的文件以及相应的编辑器或设计器,以修改文件。

4. 浏览(Browse)

打开一个表的浏览窗口,浏览按钮只有在选中了表的时候才可用。

5. 关闭/打开(Close/Open)

只有在选中了数据库的时候才可用该按钮。如果选中的数据库已经关闭,那么这个按钮就变成了打开数据库,否则该按钮为关闭数据库。

6. 移去(Remove)

从项目文件中移去选中的文件或对象,此时 Visual FoxPro 6.0 将显示一提示框,如图 2-10 所示,用于提示用户是仅想将选中的文件从项目中移去(选择"移去"),还是既从项目文件中移去又将其从磁盘上真正的删除(选择"删除")。

7. 连编(Build)

单击此按钮,系统将打开一连编选项对话框。用户可通过该对话框设置连编选项,设置完毕后系统将自动生成一个.APP、.DLL 或.EXE 文件。在 Visual FoxPro 6.0 专业版中,系统将生成独立执行的.EXE 文件。

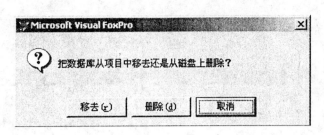

图 2-10 移去文件提示框

8. 预览（Preview）

只有当用户在项目管理器中选中了一个报表或标签文件后，该按钮才可用。它用于观察选中的报表或标签文件的打印情况。

9. 运行（Run）

用于运行选中的查询、表单或程序文件。只有在项目管理器中选中了一个查询、表单、菜单或程序文件的时候，才可用该按钮。

2.3.3 项目管理器的定制

"项目管理器"是作为一个独立的窗口存在的，用户可根据自己的不同需要，改变它的大小、外观、位置等，也可以将它打开或折叠。

1. 改变"项目管理器"窗口的大小

将光标移至"项目管理器"窗口右下角，使光标变为"⬉"，或将光标移至"项目管理器"窗口的左右、上下边框，使光标变为"↔"或"↕"，再慢慢移动光标直到合适的位置，这样就可以改变窗口的大小。

2. 移动"项目管理器"窗口

将光标指向标题栏，按住鼠标左键不动，慢慢拖动鼠标将"项目管理器"窗口到合适的位置即可。

3. 折叠"项目管理器"窗口

项目管理器右上角的"按钮"用于折叠或展开窗口。该按钮正常显示为"↑"，单击时，项目管理器窗口缩小为仅显示选项卡标签，同时该按钮变为"↓"，成为"还原"按钮，如图 2-11 所示。如果要恢复包括命令按钮的正常窗口，单击"还原"按钮即可。

4. 拆分"项目管理器"窗口

折叠项目管理器窗口后，可以进一步拆分项目管理器窗口，使其中的选项卡成为独立、浮动的窗口。

首先单击"↑"按钮折叠项目管理器，然后选定一个选项卡，将其拖离项目管理器，如图 2-12 所示。当选项卡处于浮动状态时，在选项卡中单击鼠标右键，弹出的快捷菜单增加了"项目"菜单中的选项。

对于从项目管理器窗口中拆分的选项卡，单击选项卡上的图钉图标""，可以钉住该选项卡，将其设置为始终显示在屏幕的最顶层，不会被其他窗口挡住。要想取消其"顶层显示"设置，可以再次单击图钉图标。

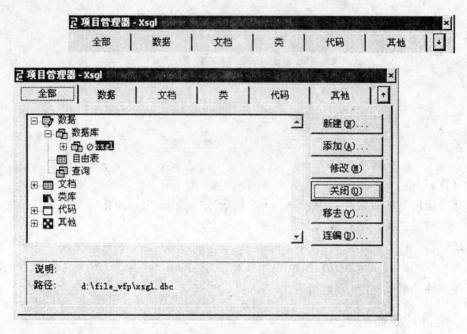

图 2-11 "折叠"与"还原"的项目管理器

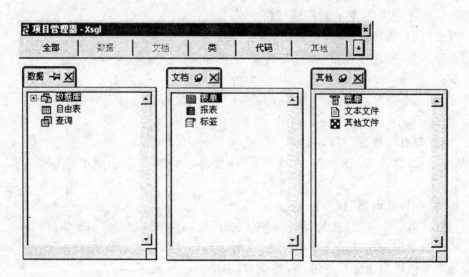

图 2-12 拆分选项卡

若要还原拆分的选项卡,可以单击选项卡上的"关闭"按钮,也可以用鼠标将拆分的选项卡拖回项目管理器的窗口中。

2.3.4 项目管理器的使用

1. 打开项目管理器窗口

打开项目管理器窗口的方法有两种:

● 新建项目:选择"文件"菜单中的"新建"命令,在弹出的"新建"对话框中选择"项目",然后选择"新建文件"按钮,在"创建"对话框中输入项目文件名,最后选择"保存"按钮。

- 打开已建立的项目：选择"文件"菜单中的"打开"命令，在弹出的"打开"对话框中选择或输入要打开的项目文件名，最后按"确定"按钮。

2．各类文件选项卡

在项目管理器窗口中有六个选项卡，用于分类显示各数据项。
- "全部"选项卡：采用大纲视图的方式管理项目中包含的所有文件。
- "数据"选项卡：管理数据文件，包括数据库、自由表和查询文件。查询文件实际上是程序文件，由于一般把查询结果作为其他对象的数据源，故 Visual FoxPro 6.0 将其放到数据选项卡中。
- "文档"选项卡：管理文档文件，包括表单、报表和标签文件。
- "类"选项卡：管理程序中所用的类库文件。
- "代码"选项卡：管理程序文件，包括源程序（PRG）、应用程序文件（APP 和 EXE）以及 API 库（FLL）。
- "其他"选项卡：管理程序中要用到的其他文件，例如文本文件、图像文件等。此外 Visual FoxPro 6.0 将生成菜单的数据文件（MNX）也放在该选项卡中。

2.4　Visual FoxPro 向导、设计器和生成器

Visual FoxPro 6.0 提供真正的面向对象程序设计工具，使用它的各种向导、设计器和生成器，可以更简便、快速地进行应用程序开发。

2.4.1　Visual FoxPro 向导

向导是一种交互式程序，用户在一系列向导屏幕上回答问题或者选择选项，向导会根据回答生成文件或者执行任务，帮助用户快速完成一般性的任务。Visual FoxPro 6.0 中带有的向导超过 20 个，表 2-1 中列出了常用向导的名称和主要功能。

表 2-1　　　　　　　　　　Visual FoxPro 6.0 向导

向导名称	主要用途
表向导	创建一个表
查询向导	创建查询
本地视图向导	用本地数据创建视图
远程视图向导	创建使用远程数据的视图
交叉表向导	创建一个交叉表查询，用于显示在一个电子数据表中的查询结果
文档向导	格式化项目和程序文件中的代码并生成文本文件
图表向导	创建一个图表
报表向导	使用数据库中的一个自由表、一个表或视图来创建报表
分组/总计报表向导	创建具有分组和统计功能的汇总报表
"一对多"报表向导	创建一个"一对多"报表

续表

向 导 名 称	主 要 用 途
标签向导	从一个表创建标签
表单向导	创建操作数据的表单
"一对多"表单向导	创建一个"一对多"表单
数据透视表向导	创建数据透视表
邮件合并向导	创建 Word 合并文档的数据源,或者任何字处理器中都可以使用的文本文件
安装向导	从发布树中的文件创建发布磁盘
升迁向导	创建一个 Oracle 数据库,使其尽可能多地重复 Visual FoxPro 6.0 数据库的功能
SOL 升迁向导	创建一个 SOL Server 数据库,使其尽可能多地重复 Visual FoxPro 6.0 数据库的功能
导入向导	从其他格式的文件中将数据导入 Visual FoxPro 6.0 表
应用程序向导	创建一个 Visual FoxPro 6.0 应用程序
WWW 搜索页向导	创建 Web 页面,允许页面的访问者从 Visual FoxPro 6.0 表中搜索和下载记录
Web 发布向导	在 HTML 文档中显示表或视图中的数据

1. 启动向导

启动向导有如下四种方法:

● 项目管理器中选定要创建文件的类型(如选择"表单"),然后选择"新建",系统弹出如图 2-13 所示的"新建表单"对话框,然后单击"向导"按钮。

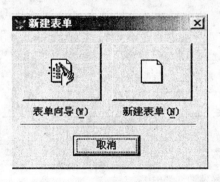

图 2-13 "新建表单"对话

● 从"文件"菜单中选择"新建",或者单击工具栏上的"新建"按钮,打开"新建"对话框,选择待创建文件的类型,然后单击相应的向导按钮即可启动相应的向导,如图 2-14(a)所示。

● 在"工具"菜单中选择"向导"子菜单,也可直接访问大多数的向导,如图 2-14(b)所示。

● 单击工具栏上的"向导"图标按钮可以直接启动相应的向导,如图 2-14(c)所示。

2. 使用向导

启动向导后,需要依次回答每一屏幕所提出的问题。在准备好进行下一步屏幕的操作时,可单击"下一步"按钮。如果操作中出现了错误或者要改变上一步的操作时,可单击"上一步"按钮,返回前一屏幕的内容,以便进行修改。对向导的结果满意后,可在某一屏上直接单击

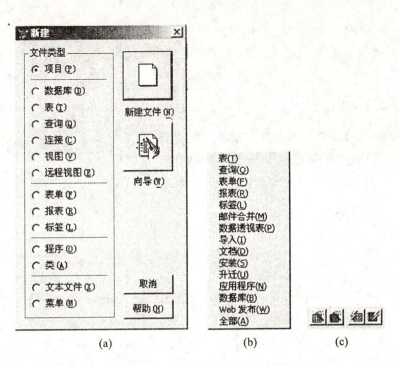

图 2-14　新建文件对话框、向导菜单和向导工具按钮

"完成"按钮,直接跳到最后一步,中间所要输入的选项信息将使用向导提供的默认值。

3. 修改向导创建的项

使用向导创建好表、表单、查询或报表之后,可以用相应的设计工具将其打开,并作进一步的修改。不能用向导重新打开一个用向导建立的文件,但是可以在退出向导之前,预览向导的结果并作适当的修改。

4. Visual FoxPro 6.0 新增的向导

Visual FoxPro 6.0 在以前版本的基础上,增加和改进了很多向导。

- 新的应用程序向导

Visual FoxPro 6.0 的应用程序向导提供对改进了的应用程序框架和新的"应用程序生成器"的支持。从"组件管理库"中可以运行应用程序向导,也可以从"工具"菜单中单击"向导",然后单击"应用程序"运行应用程序向导。

- 新的连接向导

连接向导包括"代码生成向导"和"反向工程向导"。使用这些向导可以轻松地实现 Visual FoxPro 类库和 Microsoft Visual Modeler 模型之间的转换。

- 新的数据库向导

Visual FoxPro 的数据库向导使用模板创建数据库和表。也可以使用向导创建索引以及新数据库中表与表之间的关系。

- 新的 Web 发布向导

新的 Web 发布向导可以根据指定的数据源中的记录创建一个 HTML 文件。

- 新的示例向导

示例向导提供了一些创建自己的向导的简单步骤。其输出为根据指定数据源中的记录创建的 HTML 文件。

此外，Visual FoxPro 6.0 对表向导、表单向导、文档向导、报表向导、图形向导、导入向导、标签向导、数据透视表向导、远程视图向导、安装向导和邮件合并向导都进行了很大的改进，增强了很多功能。

2.4.2 Visual FoxPro 设计器

Visual FoxPro 6.0 的设计器是创建和修改应用系统各种组件的可视化工具。利用各种设计器使创建表、表单、数据库、查询和报表来管理数据变得容易。

能够完成各种不同任务的设计器如表 2-2 所示。

表 2-2　　　　　　　　　　**Visual FoxPro 6.0 设计器**

设计器名称	主要用途
表设计器	创建并修改数据库表、自由表、字段和索引，实现有效性检查等
数据库设计器	创建数据库；在不同的表之间查看并创建关系
表单设计器	能够可视化地创建并修改表单和表单集
报表设计器	创建用于显示和打印数据的报表
查询设计器	在本地表中运行查询
视图设计器	在远程数据源上运行查询；创建可更新的查询
连接设计器	为远程视图创建连接
标签设计器	创建标签布局以打印标签
菜单设计器	创建菜单或快捷菜单

除了使用命令方式外，可以使用下面的任意一种方法打开设计器：
- 在项目管理器环境下调用

在项目管理器窗口中选择相应的选项卡，选中要创建的文件类型，然后选择"新建"，系统弹出"新建××"对话框，单击新建按钮即可打开相应的设计器。
- 菜单方式调用

从"文件"菜单中选择"新建"，或者单击工具栏上的"新建"按钮，打开"新建"对话框。选择要创建的文件类型，然后单击"新建文件"按钮，系统将自动打开相应的设计器。
- 从"显示"菜单中打开

当打开某种类型的文件时，在"显示"菜单会出现相应的设计器选项。

2.4.3 Visual FoxPro 生成器

生成器是带有选项卡的对话框，用于简化对表单、复杂控件和参照完整性代码的创建和修改过程。每个生成器显示一系列选项卡，用于设置选中对象的属性。可使用生成器在数据库表之间生成控件、表单、设置控件格式和创建参照完整性。在表 2-3 中列出了各种不同生成器的名称和功能。

表 2-3　　　　　　　　　　　Visual FoxPro 6.0 生成器

生 成 器 名 称	主 要 用 途
组合框生成器	生成组合框
命令按钮组生成器	生成命令按钮组
编辑框生成器	生成编辑框
表单生成器	生成表单
表格生成器	生成表格
列表框生成器	生成列表框
选项按钮组生成器	生成选项按钮组
文本框生成器	生成文本框
自动格式生成器	格式化控件组
参照完整性生成器	在数据库表间创建参照完整性

2.5　小结

本章内容属于使用 Visual FoxPro 6.0 的准备和入门知识,主要是熟悉 Visual FoxPro 6.0 的开发环境和一些生成工具等。

本章内容要点:

(1) 了解 Visual FoxPro 6.0 的运行环境要求。

(2) 了解 Visual FoxPro 6.0 的安装和启动方法。

(3) 了解 Visual FoxPro 6.0 的用户界面。

(4) 熟悉项目管理器及其使用。

(5) 了解 Visual FoxPro 6.0 的各种生成器、设计器和向导。

2.6　习题

一、选择题

1. 不能退出 Visual FoxPro6.0 的操作方法是(　　)

　　A. 从"文件"下拉菜单中选择"退出"命令

　　B. 用鼠标左键单击窗口的"关闭"按钮

　　C. 在命令窗口中键入 QUIT 命令,然后按回车键

　　D. 在命令窗口中键入 EXIT 命令,然后按回车键

2. 下面关于工具栏的叙述,错误的是(　　)

　　A. 可以创建用户自己的工具栏

B. 可以修改系统提供的工具栏
C. 可以删除用户创建的工具栏
D. 可以删除系统的工具栏

3. 在"选项"对话框的"文件位置"选项卡中可以设置（　　）
   A. 表单的默认大小 　　　　B. 默认目录
   C. 日期和时间的显示格式　　D. 程序代码的颜色

4. "项目管理器"的"文档"选项卡用于显示和管理（　　）
   A. 表单、报表和查询　　　　B. 数据库、表单和报表
   C. 查询、报表和视图　　　　D. 表单、报表和标签

5. 要启动 Visual FoxPro 6.0 的向导可以（　　）
   A. 打开新建对话框　　　　　B. 单击工具栏上的"向导"图标按钮
   C. 从"工具"菜单中选择"向导"　D. 以上方法都可以

二、填空题

1. 项目文件的扩展名为_____。
2. 对 Visual FoxPro 6.0 进行系统配置的方法是_____。
3. 项目管理器的"移去"按钮有两个功能：一是_____，二是_____。

第3章 Visual FoxPro 语言基础

在学习 Visual FoxPro 建库之前,应该熟悉其语言基础。本章内容包括 Visual FoxPro 的数据类型、常量与变量、常用的函数、Visual FoxPro 表达式等。

3.1 数据类型

数据是反映客观事物属性的记录。数据类型一旦被定义,就确定了其存储方式和使用方式。Visual FoxPro 系统为了使用户建立和使用数据库更加方便,将数据细化分为以下几种类型:

1. 字符型

字符型数据(Character)描述不具有计算能力的文字数据类型,是最常用的数据类型之一,由汉字和 ASCII 字符集中可打印字符(英文字符、数字字符、空格及其他专用字符)组成,长度范围是 0~254 个字符,使用时必须用界定符双引号(" ")或单引号(' ')或([ ])界定起来。

2. 数值型

数值型数据通常分为以下五种类型:

(1)数值型

数值型数据(Numeric)是由数字(0~9)、小数点和正负号组成。最大长度为 20 位(包括+、-和小数点)。

(2)浮点型

浮点型数据(Float)是数值型数据的一种,与数值型数据完全等价。浮点型数据只是在存储形式上采取浮点格式,数据的精度比普通的数值型要高。

(3)双精度型

双精度型数据(Double)是更高精度的数值型数据。它只用于数据表中的字段类型的定义,并采用固定长度浮点格式存储。

(4)整型

整型数据(Integer)是不包含小数点部分的数值型数据。可用于数据表中的字段类型的定义,整型数据以二进制形式存储。

(5)货币型

货币型(Money)数据是数值型数据的一种特殊形式,在数据的第一个数字前加一个货币符号($)。

3. 日期型

日期型数据通常分为以下两种类型:

(1)日期型

日期型数据(Date)是用于表示日期的数据,用 Visual FoxPro 6.0 中默认格式{mm/dd/

yyyy}来表示。其中 mm 代表月,dd 代表日,yyyy 代表年,长度固定为 8 位。但在 FoxPro 2.6 以前的版本中,用默认格式{mm/dd/yy}来表示。其中 mm 代表月,dd 代表日,yy 代表年,长度固定为 8 位。

(2) 日期时间型

日期时间型数据(DateTime)是描述日期和时间的数据。

其默认格式为{mm/dd/yyyy hh:mm:ss}。

其中 yyyy 代表年,第一个 mm 代表月,dd 代表日,hh 代表小时,第二个 mm 代表分钟,ss 代表秒,长度固定为 8 位。

4. 逻辑型

逻辑型数据(Logic)是描述客观事物真假的数据,用于表示逻辑判断结果。逻辑型数据只有真(.T.)和假(.F.)两种值,长度固定为 1 位。

5. 备注型

备注型数据(Memo)用于存放较长的字符型数据类型。可以把它看成是字符型数据的特殊形式。

备注型数据没有数据长度限制,仅受限于现有的磁盘空间。它只用于数据表中的字段类型的定义,其字段长度固定为 4 位,而实际数据被存放在与数据表文件同名的备注文件中,长度根据数据的内容而定。

6. 通用型

通用型数据(General)是用于存储 OLE 对象的数据。通用型数据中的 OLE 对象可以是电子表格、文档、图片、多媒体音像文件等,它只用于数据表中的字段类型的定义。

OLE 对象的实际内容、类型和数据量,取决于连接或嵌入 OLE 对象的操作方式。如果采用连接 OLE 对象方式,则数据表中只包含对 OLE 对象的引用说明,以及对创建该 OLE 对象的应用程序的引用说明;如果采用嵌入 OLE 对象方式,则数据表中除包含对创建该 OLE 对象的应用程序的引用说明,还包含 OLE 对象中的实际数据。

通用型数据长度固定为 4 位,实际数据长度仅受限于现有的磁盘空间。

3.2 常量与变量

对于大多数编程语言而言,通常我们都是将数据存入到常量、变量、数组中,而在 Visual FoxPro 系统环境下,数据还可以存入到字段、记录和对象中。我们把这些供数据存储的常量、变量、数组、字段、记录和对象称为数据存储容器。

3.2.1 常量

常量是一个命名的数据项,是在命令或程序中直接引用的实际值,其特征是在所有的操作中其值保持不变,常量有以下六种:

(1) 数值型常量

由数字(0~9)、小数点和正负号组成。

(2) 浮点型常量

是数值型常量的浮点格式。

(3) 字符型常量

由汉字和 ASCII 字符集中可打印字符组成的字符串,使用时必须用界定符括起来。

(4) 逻辑型常量

由表示逻辑判断结果的"真"或"假"符号组成。

(5) 日期型常量

用于表示日期,其规定格式以{mm/dd/yyyy}表示。

(6) 时间日期型常量

用于表示时间日期,其规定格式以{mm/dd/yyyyhh:mm:ss}表示。

3.2.2 变量

变量是保存于内存之中的一个值,它在程序的整个操作过程中有效,而且可以改变,可以用于保存中间结果、临时结果等,其值可以直接通过引用该变量名来改变,又称为内存变量。

内存变量是一般意义下的简单变量。每一个内存变量都必须有一个固定的名称,以标识该内存单元的存储位置。用户可以通过变量标识符向内存单元存取数据。内存变量是内存中的临时单元,可以用来在程序的执行过程中保留中间结果与最后结果,或用来保留对数据库进行某种分析处理后得到的结果。特别要注意,除非用内存变量文件来保存内存变量值,否则,当退出 Visual FoxPro 系统后,内存变量也会与系统一起消失。

用户可以根据需要定义内存变量类型,它的类型取决于首次接受的数据的类型。也就是说,内存变量的定义是通过赋值语句来完成的。它的类型有数值型、浮点型、字符型、逻辑型、日期型、时间日期型六种。

在 Visual FoxPro 系统中,内存变量的赋值和输出,可以使用 STORE、"="或"?"命令进行操作,三个命令的格式如下:

STORE <表达式> TO <内存变量表>

<内存变量> = <表达式>

? <表达式>

例 3.1　STORE "What is your name?" TO var_Name

　　　　var_Name = "What is your name?"

　　　　? var_Name

内存变量名的长度在 Visual FoxPro 系统中可以达到 254 个字符,由字母、数字和下划线组成。如果内存变量与数据表中的字段变量同名,用户在引用内存变量时,要在其名字前加一个 m,用以强调这一变量是内存变量。

每个内存变量都有它的作用域。用户可以通过 LOCAL、PRIVATE、PUBLIC 命令规定作用域,也可以使用系统默认的范围作为内存变量的作用域。

3.2.3 数组变量

数组是一组有序内存变量的集合。或者说,数组是由同一个名字组织起来的简单内存变量的集合,其中每一个内存变量都是这个数组的一个元素,它是由一个以行和列形式表示的数组元素的矩阵。

所谓的数组元素是用一个变量名命名的一个集合体,而且每一个数组元素在内存中独占一个内存单元。为了区分不同的数组元素,每一个数组元素都是通过数组名和下标来访问的。

在 Visual FoxPro 系统环境下,同一个数组元素在不同时刻可以存放不同类型的数据。在同一个数组中,每个元素的值可以是不同的数据类型。

1. 数组的创建

数组在使用前必须要通过 DIMENSION 或 DECLARE 定义。定义后,它的初始值是逻辑值.F.。在使用数组时,一定要注意数组的初始化,还要注意数组下标的起始值是1。数组的维数由数组下标的个数决定。

DIMENSION <数组名>(<下标上限1>[,<下标上限2>][,<下标上限3>]...)
DECLARE <数组名>(<下标上限1>[,<下标上限2>][,<下标上限3>]...)

例3.2　DIMENSION a(8)
　　　　DECLARE b(2,3)

2. 数组的赋值

通过 DIMENSION 或 DECLARE 定义数组后,它的初始值是逻辑值.F.,此时,可以通过数组的赋值对数组的元素进行数据的更新。数组元素的赋值从实质上来说,就是变量的赋值。

例3.3　DIMENSION a(8)
　　　　DECLARE b(2,3)

此时,a、b 数组中所有的值都为.F.。下面对数组元素进行赋值。

a(2)=5
store "abc" to b(2,2)
? a(2),b(2,2)
主屏幕显示:5,abc

3.2.4　字段变量

字段变量是数据库管理系统中的一个重要概念。它与记录一纵一横构成了数据表的基本结构。一个数据库由若干相关的数据表组成,一个数据表由若干个具有相同属性的记录组成,而每一个记录又是由若干个字段组成的。字段变量就是指数据表中已定义的任意一个字段。我们可以这样理解:在一个数据表中,同一个字段名下有若干个数据项,而数据项的值取决于该数据项所在记录行的变化,所以称它为字段变量。

字段变量的数据类型与该字段定义的类型一致。字段变量的类型有数值型、浮点型、整型、双精度型、字符型、逻辑型、日期型、时间日期型、备注型和通用型等。使用字段变量首先要建立数据表,建立数据表时首先定义的就是字段变量属性(名字、类型和长度)。字段变量的定义及字段变量数据的输入、输出,需要在表设计器中进行。

3.3　Visual FoxPro 常用函数

在 Visual FoxPro 系统中提供了一批标准函数,根据函数的值的类型,函数也有四种类型:C、N、D、L。参数的类型与函数值的类型不一定相同,根据函数的功能,可以将标准函数大致分为数值处理函数、字符处理函数、日期时间函数、转换函数、测试函数。

3.3.1　数值处理函数

数值处理函数除特别说明以外,其操作数为数值型,返回值的数据类型也为数值型。

1. 求绝对值函数：ABS(<nExpression>)

功能：求 <nExpression> 的绝对值。

参数描述：<nExpression> 指定需由 ABS( ) 返回绝对值的数值表达式。

例 3.4   ? ABS(-40.899)

主屏幕显示：40.899

2. 正负号函数：SIGN(<nExpression>)

功能：根据表达式的值大于、等于或小于零，函数值分别为 1、0、-1。

参数描述：<nExpression> 指定 SIGN( ) 函数进行求值的数值表达式。如果求出的值是正数，则 SIGN( ) 函数返回 1；如果求出的值是负数，则返回 -1；如果求出的值是 0，则返回 0。

3. 取整函数：INT(<nExpression>)

功能：将数值型表达式的值只取整数部分，舍掉小数部分。

参数描述：<nExpression> 指定 INT( ) 函数计算的数值表达式。

例 3.5   ? INT(-40.899)

主屏幕显示：-40

4. 平方根函数：SQRT(<nExpression>)

功能：求数值型表达式值的平方根。函数的小数位与系统的小数位相同，或与数值型表达式中的小数位相同。

参数描述：<nExpression> 指定由 SQRT( ) 函数计算的数值表达式，其值不能为负数。

例 3.6   ? SQRT(9.00)

主屏幕显示：3.00

5. 指数函数：EXP(<nExpression>)

功能：求以 e 为底，数值型表达式的值为指数的值。

参数描述：<nExpression> 指定指数表达式中 e^x 的指数 x。

例 3.7   ? EXP(2)

主屏幕显示：7.39

6. 自然对数函数：LOG(<nExpression>)

功能：求数值型表达式值的自然对数，它是 EXP 函数的逆运算。

参数描述：<nExpression> 指定数值表达式。LOG( ) 函数返回 e^x = <nExpression> 中 x 的值，<nExpression> 必须大于 0。

例 3.8   ? LOG(2)

主屏幕显示：0.69

7. 常用对数函数：LOG10(<nExpression>)

功能：求以 10 为底的数值型表达式的值。数值型表达式必须为正数。

参数描述：<nExpression> 指定数值表达式。LOG10( ) 函数返回 10^x = <nExpression> 中 x 的值，<nExpression> 必须大于 0。

例 3.9   ? LOG10(2)

主屏幕显示：0.30

8. 最大值函数：MAX (<eExpression1> , <eExpression2> [, <eExpression3> ...])

功能：先计算表达式的值，然后取其中最大的值作为函数值。

参数描述：<eExpression1> , <eExpression2> [, <eExpression3> ...] 指定若干个表达

式。MAX( )返回其中具有最大值的表达式,所有表达式必须为同一数据类型。返回值类型为表达式的数据类型。

例3.10 ？MAX(2,-90,104)

主屏幕显示:104

9. 最小值函数:MIN（＜eExpression1＞,＜eExpression2＞[,＜eExpression3＞...]）

功能:先计算表达式的值,然后取其中最小的作为函数值。

参数描述:＜eExpression1＞,＜eExpression2＞[,＜eExpression3＞...]指定若干个表达式。MIN( )返回其中具有最小值的表达式,所有表达式必须为同一数据类型。返回值类型为表达式的数据类型。

例3.11 ？MIN(2,-90,104)

主屏幕显示:-90

10. 四舍五入函数:ROUND(＜nExpression1＞,＜nExpression2＞)

功能:四舍五入运算。

参数描述:＜nExpression1＞指定要四舍五入的数值表达式,＜nExpression2＞指定舍入到的小数位数。如果＜nExpression2＞的值是一个负数,则ROUND( )返回的结果在小数点左端＜nExpression2＞位置进行四舍五入。

例3.12 ？ROUND(5678.672,1)

　　　　　？ROUND(5678.672,0)

　　　　　？ROUND(5678.672,-2)

主屏幕显示:5678.7

　　　　　5679

　　　　　5700

11. 随机函数:RAND([＜nExpression＞])

功能:产生一个在(0,1)范围内取值的随机数。

参数描述:＜nExpression＞为指定的种子数,它指定RAND( )函数返回的数值序列。

例3.13 ？RAND(2)

主屏幕显示:0.05

12. 求π值函数:PI( )

功能:返回π的常数数值3.14。

13. 求模函数:MOD(＜nExpression1＞,＜nExpression2＞)

功能:求＜nExpression1＞除以＜nExpression2＞的余数。

参数描述:＜nExpression1＞指定被除数,它的小数位决定了返回值中的小数位。＜nExpression2＞指定除数。说明:函数的值可以为正值也可以为负值,为了确保函数值的惟一性,函数值必须满足下列条件:

①函数值与＜nExpression2＞的值同为正数或同为负数;

②函数值大小为:当＜nExpression1＞与＜nExpression2＞同号时,将＜nExpression1＞绝对值除以＜nExpression2＞绝对值后的余数;当＜nExpression1＞与＜nExpression2＞异号时,将＜nExpression2＞绝对值减去＜nExpression1＞绝对值除以＜nExpression2＞绝对值后的余数的差;

(3)函数值的绝对值必须小于＜nExpression2＞的绝对值。

取余函数 MOD( )和%返回同样的结果。

例 3.14 ? MOD(132.45,11.56)

? MOD(-132.45,11.56)

? MOD(132.45,-11.56)

? MOD(-132.45,-11.56)

  主屏幕显示:5.29

     6.27

     -6.27

     -5.29

3.3.2 字符处理函数

1. 宏代换函数

&<VarName>[.<cExpression>]

功能:以内存变量的值代替变量名。

说明:① 使用 & 函数时,& 与<VarName>间不能有空格;② 它是众多函数中惟一参数不带括号的函数;③宏代换函数的作用范围是从符号&起,直到遇到一个"."或空格字符为止。如果宏代换后的值要与其后面的字符串一起使用,则应在 &<VarName>与其后的字符串之间插入一个圆点"."。

例 3.15 abcd = [Visual]

VisualFoxPro = [小型关系数据库]

Visual = 123456789

? "&abcd.FoxPro"

主屏幕显示:VisualFoxPro

说明:上述结果为字符型(C)

? &abcd.FoxPro

主屏幕显示:小型关系数据库

说明:上述结果为字符型(C)

? abcd

主屏幕显示:Visual

说明:上述结果为字符型(C)

? &abcd.

主屏幕显示:123456789

说明:上述结果为数值型(N)

当要代换的内容是表名或是索引文件名时,可用( )函数代换 & 函数。

参数描述:<VarName>中所含的值为表名或为数据库文件名等名称。

例 3.16 tableName = [Student]

use (tableName) &&将打开默认目录下的 Student 表

2. 子字符串检索函数

AT(<cSearchExpression>,<cExpressionSearched>[,<nOccurence>])

功能:返回一个字符表达式或备注字段在另一个字符表达式或备注字段中第 n 次出现的

位置,从最左边开始计数。

参数描述:<cSearchExpression>指定要搜索的字符或备注表达式,AT()函数将在<cExpressionSearched>中搜索此字符表达式或备注字段值。<nOccurrence>指定搜索<cSearchExpression>在<cExpressionSearched>中第<nExpression>次出现。

说明:如果未指定<nOccurrence>,则返回第一次出现<cSearchExpression>的起始位置;如果<cExpressionSearched>不包含有<cSearchExpression>,或出现次数少于<nOccurrence>的值,则函数返回值为0;AT()函数区分搜索字符的大小写,如果不区分搜索字符的大小写,应采用格式2的函数。

例 3.17　ABC = "abcdabcdeabcdef"
　　　　　EF = "ab"
　　　　　? AT(EF,ABC,2)
主屏幕显示:5

3. 字符串截取函数

SUBSTR(<cExpression>,<nStartPosition>[,<nCharactersReturned>])
LEFT(<cExpression>,<nExpression>)
RIGHT(<cExpression>,<nExpression>)

该组函数为字符串截取函数,SUBSTR 函数是在字符串中任意位置截取任意个字符,LEFT 函数是在字符串中从最左边截取 N 个字符,RIGHT 函数是从字符串的最右边截取 N 个字符。

功能:SUBSTR 返回从<cExpression>中截取从第<nStartPosition>个字符开始的连续<nCharactersReturned>个字符所形成的一个新子字符串。若省略<nCharactersReturned>,则截取的子字符串终止于字符串的最后一个字符。若<nCharactersReturned>大于起始位置到字符串的结束位置之间的字符个数,则终止于字符串的最后一个字符。LEFT 从<cExpression>中最左边第一个字符开始截取<nExpression>个字符,形成一个新的字符串。<nExpression>指定从<cExpression>中返回的字符个数。如果<nExpression>的值大于或等于<cExpression>的长度,函数的值为整个字符串;如果<nExpression>的值小于或等于零,则函数的值为一个空串。LEFT()函数与起始位置为 1 的 SUBSTR()函数是等价的。RIGHT 从<cExpression>中最右边第一个字符开始截取<nExpression>个字符,形成一个新的字符串。<nExpression>指定从<cExpression>中返回的字符个数。如果<nExpression>的值大于或等于<cExpression>的长度,函数的值为整个字符串;如果<nExpression>的值小于或等于零,则函数的值为一个空串。

例 3.18　ABC = "I am a student!"
　　　　　? SUBSTR(ABC,3,2)
主屏幕显示:"am"
　　　　　? LEFT(ABC,4)
主屏幕显示:"I am"
　　　　　? RIGHT(ABC,8)
主屏幕显示:"student!"

4. 删除字符串空格函数

ALLTRIM(<cExpression>)
LTRIM(<cExpression>)

RTRIM(<cExpression>)

该组函数为删除字符串空格函数,ALLTRIM 函数是删除字符串中的首部和尾部的空格,LTRIM 函数是删除字符串中的首部或左边空格,RTRIM 函数是删除字符串中的尾部或右边空格。

功能:

ALLTRIM 函数删除<cExpression>值的首部和尾部(左边和右边)空格,等价于 LTRIM(RTIMR(<cExpression>))。

LTRIM 删除<cExpression>字符串左边的空格。

RTRIM 删除<cExpression>字符串右边的空格。

例 3.19 ABC = "   I am a student!   "   &&ABC 字符串首尾部分别有 3 个空格

? ALLTRIM(ABC)

主屏幕显示:"I am a student!"

? LTRIM(ABC)

主屏幕显示:"I am a student!   " && 字符串的尾部有 3 个空格

? RTRIM(ABC)

主屏幕显示:"   I am a student!" && 字符串的首部有 3 个空格

5. 求字符串长度函数

LEN(<cExpression>)

功能:求字符型表达式<cExpression>的长度,返回字符表达式中字符的数目,需要注意的是,一个中文字符是两个字符,因为中文字符为全角,英文字符为半角。

例 3.20 ? LEN("数据库")

主屏幕显示:6   && 一个汉字占 2 个字符宽度

例 3.21 ? LEN("ABCabc")

主屏幕显示:6   && 一个英语字母占一个字符宽度

6. 空格生成函数

SPACE(<nExpression>)

功能:生成指定数目空格的字符串,其空格个数由<nExpression>的值确定。

例 3.22 ? SPACE(3) + "abc"

主屏幕显示:"   abc" && 该字符的首部有 3 个空格

例 3.23 ? LEN(SPACE(8) + SPACE(7))

主屏幕显示:15

7. 字符重复函数

REPLICATE(<cExpression>,<nExpression>)

功能:它把<cExpression>的值重复<nExpression>次构成新的字符串。

例 3.24 ? REPLICATE("student",3)

主屏幕显示:"studentstudentstudent"

8. 字符串替换函数

STUFF(<cExpression>,<nStartReplacement>,<nCharacters-Replaced>,<cReplacement>)

功能:返回一个字符串,此字符串是通过用另一个表达式替换现有字符表达式中指定数目的字符得到的。

参数描述：<cExpression>指定要在其中替换的字符表达式。<nStartReplacement>指定在<cExpression>中开始替换的位置。<nCharactersReplaced>指定要替换的字符数目。如果数目是0，则替换字符串<cReplacement>插入到<cExpression>中。<cReplacement>指定用以替换的字符型表达式。如果该表达式是空串，则从<cExpression>中删除用<nCharactersReplaced>指定的字符数目。

例3.25　? STUFF("student",2,2,"abc")

主屏幕显示："sabcdent"

9．大小写转换函数

UPPER(<cExpression>)

LOWER(<cExpression>)

功能：

UPPER函数将<cExpression>中所有小写字符转换成为大写字符。

LOWER函数将<cExpression>中所有大写字符转换成为小写字符。

例3.26　? UPPER("AaBbCc")

主屏幕显示："AABBCC"

例3.27　? LOWER("AaBbCc")

主屏幕显示："aabbcc"

3.3.3 日期时间处理函数

1．日期函数

格式：DATE( )

功能：返回由操作系统控制的当前系统日期，返回值为日期型数据。

例3.28　? DATE( )

主屏幕显示：{2006/5/10}或者{05/10/06}

2．时间函数

格式：TIME( )

功能：返回由操作系统控制的当前系统时间，返回值为字符型数据。

例3.29　? TIME( )

主屏幕显示："21:53:22"

3．取年月日函数

(1) YEAR(<dExpression>)

功能：从日期型表达式<dExpression>中求出年的数值。

说明：该函数总是返回带世纪的年份，CENTURY的设置对该函数没有影响。

例3.30　? YEAR(DATE( ))

主屏幕显示：2006

(2) MONTH(<dExpression>)

功能：从日期型表达式<dExpression>中求出月的数值，返回1~12之间的一个数。

例3.31　? MONTH(DATE( ))

主屏幕显示：5

(3) DAY(< dExpression >)

功能:以数值型返回给定的日期表达式 < dExpression > 是某月中的第几天,返回 1～31 之间的一个数。

例 3.32　? DAY(DATE())

主屏幕显示:10

3.3.4 转换函数

1. 字符型转换为日期型函数:CTOD(< cExpression >)

功能:将具有正确日期格式的字符型表达式 < cExpression > 转换成日期型表达式。

例 3.33　? CTOD("^2006/5/10")

主屏幕显示:{05/10/06}

例 3.34　? CTOD("05/10/06")

主屏幕显示:{05/10/06}

2. 日期型转换为字符型函数:DTOC(< dExpression >)

功能:由日期型表达式数据转换成字符型日期数据。

例 3.35　? DTOC({^2006/05/10})

主屏幕显示:"05/10/06"

例 3.36　? DTOC(DATE())

主屏幕显示:"05/10/06"

3. 数值型转换成字符型函数: STR (< nExpression > [, < nLength > [, < nDecimal Places >]])

功能:返回与数值型表达式相对应的字符型串。

< nLength > 指定要返回的字符串的长度,包括小数点和小数位在内。如果指定长度大于小数点左边数字位数与 < nDecimalPlaces > 之和,则该函数用前导空格填充返回的字符串;如果指定的长度小于小数点左边的数字位数,则该函数返回一串星号(*),"*"的长度等于给出的长度,表示数据溢出。< nDecimalPlaces > 指定该函数返回的字符串中的小数位,若要指定小数位,则必须同时包含 < nLength >。如果指定的小数位数小于 < nExpression > 中的小数位数,则返回四舍五入值。

例 3.37　? "ABC" + str(3,1,0)

主屏幕显示:"ABC3"

4. 字符型转换成数值型函数:VAL(< cExpression >)

功能:将数字组成的字符型表达式 < cExpression > 转换成为数值型值。

val()函数从左到右返回字符表达式中的数字,直到遇到非数值型字符(忽略前面的空格)时为止。若字符表达式的第一个字符不是数字,也不是正负号,则返回 0。

例 3.38　a = "123"

? VAL(a)

主屏幕显示:123.00

例 3.39　a = "ABC123"

? VAL(a)

主屏幕显示:0.00

5. 字符与 ASCII 转换函数

ASC(< cExpression >)

CHR(< nExpression >)

功能:

ASC 函数求出 < cExpression > 最左边一个字符的 ASCII 码的十进制码值。

CHR 函数将 < nExpression > 的值转换成一个 ASCII 码。数值型表达式的值必须是一个 1～255 之间的整数。

例 3.40   a = "ABC"

          b = "a"

          ? ASC (a)

          ? ASC (b)

主屏幕显示:65

               97

例 3.41   N = 65

          ? CHR (N)

主屏幕显示:"A"

3.3.5 测试函数

1. 记录号测试函数:RECNO( )

功能:返回当前表或指定工作区中表的当前记录的记录号。

2. 文件起始测试函数:BOF( )

功能:测试指定工作区中的表的当前记录指针是否指向文件的起始位置(表头)。

3. 文件结束测试函数:EOF( )

功能:测试指定工作区中的表的记录指针是否指向文件的结束位置(表尾)。

例 3.42   现有一个学生表 student.dbf,表中有 10 条学生记录。

```
USE STUDENT           && 打开学生表
? RECNO( )            1
? BOF( )              .F.
SkiP  -1              && 光标上移一条记录
? RECNO( )            1
? BOF( )              .T.
GO BOTTOM             && 光标移至第七条记录
? RECNO( )            10
? EOF( )              .F.
skip 1                && 光标下移一条记录
? RECNO( )            11
? EOF( )              .T.
```

4. 数据类型测试函数:TYPE(< cExpression >)

功能:检测一个表达式的类型及有效性,并产生一个大写字母:C(字符型)、N(数字型、浮点型、双精度型、整型)、L(逻辑型)、D(日期型)、M(明细型)、Y(货币型)、T(日期时间型)、O

（对象型）、G（通用型）、S（屏幕型）、U（未定义型）。

例 3.43 A ="abc"

? TYPE（"A"）

主屏幕显示：C &&字符型

例 3.44 B =3.14

? TYPE（"B"）

主屏幕显示：N &&数值型

5. 空值测试函数：ISNULL（＜eExpression＞）

功能：如果一个表达式的计算结果为 Null 值，则返回逻辑.T.；否则，返回.F.。

参数描述：＜eExpression＞参数指定要计算的表达式。

6. 条件函数：IIF（＜lExpression＞，＜eExpression1＞，＜eExpression2＞）

功能：根据＜lExpression＞的值，返回两个值中的某一个。

说明：如果＜lExpression＞为.T.，则函数值为＜eExpression1＞的值，否则，函数值为＜eExpression2＞的值。

例 3.45 A =3

B =5

? IIF（A >= B,A,B）

主屏幕显示：5

7. 值测试函数：BETWEEN（＜eTestValue＞，＜eLowValue＞，＜eHighValue＞）

功能：判断表达式的值是否介于相同数据类型的两个表达式值之间。

说明：当＜eTestValue＞的值大于或等于＜eLowValue＞而小于或等于＜eHighValue＞时，该函数返回逻辑.T.；否则，返回逻辑.F.。如果＜eLowValue＞或＜eHighValue＞为 Null 值，则返回 Null 值。

例 3.46 ? BETWEEN（3,1,4）

主屏幕显示：.T.

3.4 表达式

在 Visual FoxPro 系统中，表达式是由常量、变量、函数及其他数据容器单独或与运算符组成的有意义的运算式子。表达式具有计算、判断和数据类型转换等作用，广泛用于命令、函数、对话框、控件及其属性当中。

在 Visual FoxPro 系统中，根据不同的运算符及表达式结果的不同，运算符是对数据对象进行加工处理的符号。根据其处理数据对象的数据类型，运算符分为算术（数值）运算符、字符运算符、日期时间运算符、逻辑运算符和关系运算符五类，相应地，表达式也分为算术表达式、字符表达式、日期时间表达式、逻辑表达式和关系表达式五类。

在一个表达式中可能包含多个由不同运算符连接起来的、具有不同数据类型的数据对象，但任何运算符两侧的数据对象必须具有相同的数据类型，否则运算将会出错。由于表达式中有多种运算，不同的运算顺序可能得出不同的结果，甚至出现运算错误，因此当表达式中包含多种运算时，必须按一定顺序施行相应运算，才能保证运算的合理性和结果的正确性、惟一性。用户也可以通过给表达式加圆括号的方式，改变其默认运算顺序。在 Visual FoxPro 系统中，各类运算的优先顺序如下：

圆括号＞算术和日期运算＞字符串运算＞关系运算＞逻辑运算

同一类运算符也有一定的运算优先顺序，这将在各类表达式中分别介绍。如果有多个同一级别的运算，则按在表达式中出现的先后顺序进行运算。

3.4.1 数学表达式

数学表达式可由算术运算符和数值型常量、数值型内存变量、数值型数组、数值类型的字段、返回数值型数据的函数组成，算术表达式的运算结果是数值型常数。数值运算符的功能及运算优先顺序，如表3-1所示。表中运算符按运算优先级别从高到低顺序排列。

表 3-1　　　　　　　　算术运算符

优先级	运算符	说　明
1	()	形成表达式内的子表达式
2	** 或 ^	乘方
3	*、/、%	乘运算、除运算、求余运算
4	+、-	加运算、减运算

3.4.2 字符表达式

字符表达式是由字符运算符将字符型数据对象连接起来进行运算的式子。字符运算的对象是字符型数据对象，运算结果是字符常量或逻辑常量，字符运算符为"+"、"-"、"$"。"+"与"-"都是字符连接运算符，都将两字符串顺序连接，但"+"是直接连接，"-"则将串1尾部所有空格移到串2尾部后再连接；"$"运算实质上是比较两个串的包含关系，因此有些书籍中将其归于关系运算，其作用是比较、判断串1是否为串2的子串，如果串1是串2的子串，运算结果为真".T."，否则为假".F."。所谓子串，如果串1中所有字符均包含在串2中，且与串1中排列方式与顺序完全一致，则称串1为串2的子串。

例 3.47　　? "ABC "+"EFG"　　　&& 字符串1后面有2个空格

主屏幕显示："ABC EFG"

例 3.48　　? "ABC "-"EFG"　　　&& 字符串1后面有2个空格

主屏幕显示："ABCEFG "　　　　&& 该字符串后面有2个空格

3.4.3 日期时间表达式

由日期运算符将一个日期型或日期时间型数据与一个数值型数据连接而成的运算式称为日期表达式。日期运算符分为"+"和"-"两种，其作用分别是在日期数据上增加或减少一个天数，在日期时间数据上增加或减少一个秒数，两个运算的优先级别相同。

例 3.49　　? Date( )+15　　　　&& 显示15天后的日期

　　　　　? Date( )-15　　　　&& 显示15天前的日期

　　　　　? {^2005/10/08}-20

主屏幕显示：09/18/2005

3.4.4 关系表达式

由关系运算符连接两个同类数据对象进行关系比较的运算式称为关系表达式。关系表达式的值为逻辑值,关系表达式成立则其值为"真",否则为"假"。

关系运算符如表 3-2 所示,其优先级别相同。关系表达式运算时,就是比较同类两数据对象的"大小",对于不同类型的数据,其"大小"或者是值的大小,或者是先后顺序。日期或日期时间数据以日期或时间的先后顺序为序。在 Visual FoxPro 系统中,字符型数据的比较相对复杂,默认规则如下:

表 3-2 关系运算符

运算符	说 明	运算符	说 明
>	大于	>=	大于或等于
<	小于	<=	小于或等于
=	等于	==	完全等于
< >、#、! =	不等于	$	包含:左串是右串的子串时才为真

(1)单个字符

单个字符的比较是以字符 ASCII 码的大小作为字符的"大小",也就是先后顺序。

例 3.50 ?"A"<"B"

主屏幕显示:.T.

(2)字符串

两个字符串进行比较的基本原则是从左到右逐个字符进行比较,但因系统相关设置状态不同,比较的结果与预期的不完全相同。

● 相等比较:用运算符"="进行两字符串比较,当 SET EXACT OFF 时,以到达右端串的末尾字符为止,字符相同、排列一致时才成立;当 SET EXACT ON 时,以到达两串的末端为止,有效字符相同(运算符"="两端字符串末尾的空格不当做有效字符)、排列一致时才成立。

例 3.51 SET EXACT OFF

?" AB" = "A"

?"AB" = "AB"

主屏幕显示:.T.

SET EXACT ON

?"AB" = "AB"

?"AB" = "AB"

主屏幕显示:T.

但是:?"AB" = "A"

主屏幕显示:.F.

● 恒同比较:用运算符 = = 进行两字符串的恒同比较时,不论 SET EXACT 的设置如何,只有当两串长度相同、字符相同、排列一致时才成立。

- 大小比较：用运算符"<"或">"进行两串比较时，比较到第1个不相同字符为止，比较方法与单字符比较方法相同；否则，长度较长的串较"大"。
- 其他比较：除上述运算符之外的其他运算符 < >、< = 和 > = 的比较，均可看做是两个运算符以逻辑"或"的关系构成的复合运算。

(3) 汉字

系统默认按汉字的拼音排列汉字的顺序，也就是以汉字的拼音顺序比较"大小"，因此，汉字比较实质上是以字母的顺序进行比较。但 Visual FoxPro 系统可以设置汉字按笔画排列顺序，因此，汉字的"大小"就决定其笔画数的多少。

用菜单设置汉字排列顺序方式的操作步骤为：选择"工具"菜单中的"选项"命令，打开"选项"对话框，在"数据"选项卡的"排序序列"下拉列表框中选择"Stroke"项并确定，系统将按汉字的笔画数进行汉字的排序、比较运算。

3.4.5 逻辑表达式

由逻辑运算将逻辑型数据对象连接而成的式子称为逻辑表达式。逻辑表达式的运算对象与运算结果均为逻辑型数据。逻辑运算符如表 3-3 所示，逻辑运算符前后一般要加圆点"."标记以示区别。

表 3-3　　　　　　　　　　　　　　逻辑运算符

运算符	说　明
NOT 或 !	逻辑非。右边逻辑值为.T.时，结果为.F.；右边逻辑值为.F.时，结果为.T.
AND	逻辑与。两边同时为.T.时为.T.；否则为.F.
OR	逻辑或。两边有一为.T.时为.T.；否则为.F.

例 3.52　? NOT(4 > 10) AND "abc" > "ad" OR NOT .F.

主屏幕显示：.T.

3.5　小结

本章介绍了 Visual FoxPro 中常用的数据类型，数据类型是 Visual FoxPro 中表的创建最基本的知识。接着介绍了 Visual FoxPro 中的常量与变量，对内存变量的定义与赋值和数组的定义与赋值。函数是 VFP6 的一个重要组成部分，对于这些函数要掌握其使用方法。表达式与运算符，它们是 VFP6 中的基本构成元素。在这一章中要学会构造表达式，同时要掌握各种运算符的使用方法，掌握运算符的优先级。

3.6　习题

一、选择题

1．结果为"计算机科学"的表达式是(　　)。

A．"计算机" – "科学"　　　　　　　　B．"计算机　科学"

C. "计算机"+"科学"　　　　　　D. "计算机"-"科学"

2. 字符串长度函数 LEN(SPACE(3)-SPACE(2)) 的值是(　　)。

　A. 1　　　　B. 5　　　　C. 2　　　　D. 错误

3. 在 VFP 中,可以在同种类型的数据之间进行"-"(减号)运算的数据类型是(　　)。

　A. 数值型、字符型、逻辑型　　　　B. 数值型、字符型、日期型

　C. 数值型、日期型、逻辑型　　　　D. 逻辑型、字符型、日期型

4. 在下列 VFP 表达式中,结果为日期类型的正确表达式是(　　)。

　A. DATE()+TIME()　　　　　　B. DATE()+YEAR(DATE())

　C. DATE()-CTOD("01/01/02")　D. 365-DATE()

5. 命令 ? VAL("100-86.5WWW") 的结果是(　　)。

　A. 100.00　　B. 13.50　　C. 100-86.5　　D. 0

6. 在 FoxBASE 中,函数 MOD(18,4) 的结果为(　　)。

　A. 1　　　　B. 2　　　　C. 3　　　　D. 4

7. 已知 X=100,Y="X",则函数 TYPE(Y) 的值为(　　)。

　A. N　　　　B. C　　　　C. U　　　　D. 不确定

8. 在 Visual FoxPro 中,下面四个关于日期或日期时间的表达式中,错误的是(　　)。

　A. {^2002.09.01 11:10:10: AM}-{^2001.09.01 11:10:10AM}

　B. {^01/01/2002}+20

　C. {^2002.02.01}+{^2001.02.01}

　D. {^2002/02/01}-{^2001/02/01}

9. 在 Visual FoxPro 中,说明数组的命令是(　　)。

　A. DIMENSION 和 ARRAY　　　B. DECLARE 和 ARRAY

　C. DIMESION 和 DECLARE　　　D. 只有 DIMENSION

10. 有如下赋值语句:a="你好",b="大家",结果为"大家好"的表达式是(　　)。

　A. b+AT(a,1)　　　　　　　　B. b+RIGHT(a,1)

　C. b+LEFT(a,3,4)　　　　　　D. b+RIGHT(a,2)

11. 在下面的 Visual FoxPro 表达式中,运算结果不为逻辑真的是(　　)。

　A. EMPTY(SPACE(0))　　　　B. LIKE('xy*','xyz')

　C. AT('xy','abcxyz')　　　　　D. ISNULL(.NUILL.)

二、填空题

1. LEFT("123456789",LEN("数据库")) 的计算结果是_____。

2. 表达式 {^2005-1-3}—{^2005-10-3} 的数据类型是_____。

3. 在 VFP 中,执行以下命令序列(□表示空格)

　　S1="计算机□□□□"

　　S2="二级等级考试□□□□"

　　? S1-S2

最后一条命令的显示结果是_____。

三、问答题

1. Visual FoxPro 6.0 有几种数据类型?

2. Visual FoxPro 6.0 有几种数据存储容器?

3. 内存变量、数组变量、字段变量有何区别？
4. 变量的作用域如何定义？
5. Visual FoxPro 6.0 有几种类型的函数？
6. Visual FoxPro 6.0 有几种类型的表达式？它们的计算规则是什么？

第4章 数据表的基本操作

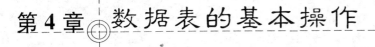

本章介绍 VFP 中表的创建等基本操作,以及与表相关的索引排序、查询与统计。通过本章的学习,要求读者在了解表概念的前提下,能够熟练地创建表,熟练地进行表中记录的各种基本操作,并能够区分和使用索引与排序,掌握数据库中查询和统计的常见命令。

4.1 表的创建

4.1.1 表的概念

通常我们所说的学生成绩表、工资表、人事档案表等都是一个二维数据表。在以前我们学过的 FOX 中,将这种二维数据表中的列向表示字段,行向表示记录,文件的扩展名为.dbf。当发展到 Visual FoxPro 时,才引入数据库的概念,才将扩展名为.dbf 的数据库文件组织在一起管理,使它们成为相互关联的数据集合。

在 Visual FoxPro 中,数据库是一个逻辑上的概念和手段,通过一组系统文件,将其相互联系的数据库表及其相关的数据库对象统一组织和管理。因此,在 Visual FoxPro 中,应该把.dbf 文件称为数据库表,简称表,而不再称做数据库或者是数据库文件。

当然,Visual FoxPro 中也有沿用以前版本的表形式,即不包含于任何数据库的表,我们称为自由表。所以可以给出如下的几个概念:

表:是用于存放数据的地方,分数据库表和自由表两种,可以用表设计器来创建。

数据库表:指包含在数据库之内的表,借助于 Visual FoxPro 6.0 新增的数据字典,数据表具有很多特点,如:长表名、长字段名、默认值、字段级规则等,其扩展名为.dbf。

自由表:不属于任何数据库,与 FoxBase、FoxPro 等传统的微机上的小型数据库相同,其扩展名为.dbf。

从以上的概念中,我们可以了解到,数据库表的使用较之自由表的使用,其实际应用性要强得多。在第2章中我们就建议过读者,在学习和使用 Visual FoxPro 6.0 的时候,最好是将所有的文件操作都在项目管理器中完成,即最好是使用数据库表。因此,在本章中所介绍的表的创建和基本操作的实例中,使用的均为数据库表。

4.1.2 设计表结构

表由结构和数据两部分组成。创建一个表,首先要设计和建立表结构,然后再输入数据。设计表结构就是定义各个字段的属性,包括字段名、字段类型、字段宽度和小数位数等。

例如,对表 4-1(学生表)所设计的结构如下:

表 4-1 学生表

学 号	姓 名	性 别	出生日期	入学成绩	简 历
0410010046	段茜	F	1985-8-30	524.0	2004年进入湖北大学知行学院工商管理专业
0410010043	李雪玲	F	1986-2-16	492.0	2004年进入湖北大学知行学院工商管理专业
0410030011	周清华	T	1986-1-27	516.0	2004年进入湖北大学知行学院新闻专业
0410030016	陈丽萍	F	1986-10-15	549.0	2004年进入湖北大学知行学院新闻专业
0410010058	雷火亮	T	1984-8-1	470	2004年进入湖北大学知行学院工商管理专业
0410050023	黄称心	T	1984-10-24	602	2004年进入湖北大学知行学院法学专业
0410040025	蔡金鑫	T	1986-1-16	490	2004年进入湖北大学知行学院汉语言专业
0410010045	叶思思	F	1985-4-8	565	2004年进入湖北大学知行学院工商管理专业
0410030007	张慧	F	1986-10-12	464	2004年进入湖北大学知行学院新闻专业
0410050028	鲁力	T	1986-11-25	498	2004年进入湖北大学知行学院法学专业

student.dbf(学号 C(10),姓名 C(8),性别 L,出生日期 D,入学成绩 N(5,1),简历 M)

其中 student.dbf 是表的名称,学号、姓名、性别、出生日期、入学成绩、简历都是字段名,C、D、N、L、M 表示字段类型,分别为字符型、日期型、数值型、逻辑型、备注型,括号内的数值表示字段宽度和小数位数。其中,系统已经为日期型、逻辑型、备注型字段的宽度规定了固定值,用户无需对其进行定义。

4.1.3 建立表结构

在数据库中建立表,最简单的方法就是使用数据库设计器。假设已经建立了学生成绩管理数据库,初始的数据库设计器界面如图 4-1 所示,从图中我们可以发现菜单栏中有"数据库"菜单项。此时要建立一个数据表 student.dbf,有以下三种方法可以打开表设计器:

①在数据库设计器中任意空白区域单击鼠标右键,弹出"数据库"快捷菜单,从中选择菜单项"新建表",或者在菜单栏中选择"数据库"菜单中的"新建表"命令,则弹出如图 4-2 所示的选择界面,用户可以选择"表向导"或"新建表"建立新的表。

②在"文件"菜单中选择"新建"命令,打开"新建"对话框,如图 4-3 所示。选定"表"单选框,单击"新建文件"或"向导"按钮。

③在命令窗口中输入如下命令:
CREATE
建立表的命令格式为:
CREATE [表名]

图 4-1 数据库设计器

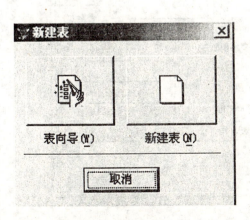

图 4-2 选择新建表

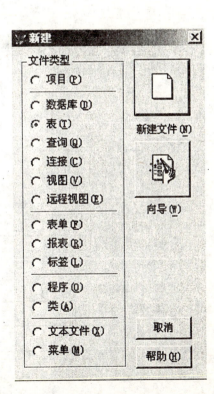

图 4-3 "新建"对话框

使用以上方法中的任意一种均可打开输入表名的创建对话框,如图4-4所示。用户可以选择存放表的目录,接着在"输入表名"编辑框中输入表名,例如"student.dbf",然后单击"保存"按钮打开表设计器,如图4-5所示。

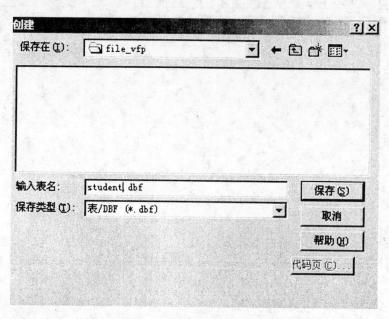

图4-4 "创建"对话框

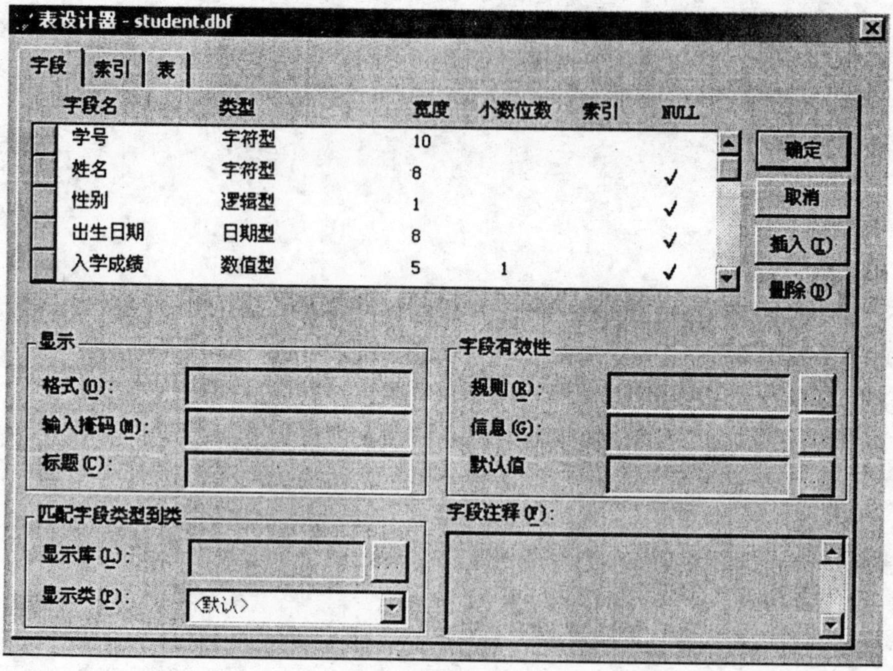

图4-5 表设计器

用户需要在表设计器中依次输入或者选择字段、类型和宽度等。例如,我们在设计器中依次输入在 4.1.2 节中设计的表结构,这些都是建立表所需要的最基本的内容,最后单击"确定"按钮即完成了对表的建立。此时在数据库设计器中将显示新建立的表,同时会出现对话框提示是否立即输入记录。

下面对图 4-5 表设计器中涉及的基本内容进行一些解释。

1. 字段名

字段名是一个以字母或汉字开头,长度不超过 128 个字符(自由表字段名最长为 10 个字符),由字母、汉字、数字和下画线组成的字符串。

2. 字段类型和宽度

字段类型、字段宽度和小数位数用于描述字段值,表 4-2 列出了字段类型的说明以及宽度。

表 4-2   字段类型和宽度

字段类型	说 明	字段宽度
字符型(C)	汉字、图形符号及可打印的 ASCII 字符等	最多 254 个字节
数值型(N)	可以进行算术运算的数据,小数点及正、负号各占一个字节	最多 20 各字节
浮点型(F)	同数据型,为了与其他软件兼容而设置	
货币型(Y)	与数值型不同的是数值保留 4 位小数	8 个字节
整型(N)	不带小数点的数值	4 个字节
双精度型(N)	双精度数值	8 个字节
日期型(D)	格式为 mm/dd/yy	8 个字节
日期时间型(T)	存放日期与时间	8 个字节
逻辑型(L)	存放逻辑值 T 或 F	1 个字节
备注型(M)	存储文本	4 个字节
通用型(G)	存放图形、图像、表格、声音等多媒体数据	4 个字节

3. 空值

在如图 4-5 所示的表设计器中,可以看到字段有"NULL"选项,它表示是否允许字段为空值。空值就是缺值或还没有确定值,不能把它理解为任何意义的数据。选定"NULL"列的按钮,其上面显示"√",表示该字段可接收 NULL 值(它表示无明确的值,不同于零、空字符串及空格)。

4. "插入"按钮

选中想要插入字段处的字段,按"插入"按钮,出现一个字段名为"新字段"的字段,在此字段中输入要插入字段的名称、类型、宽度等。

5. "删除"按钮

选中要删除的字段,按"删除"按钮。

4.1.4 输入记录

完成表结构的定义后,可以单击"确定"按钮退出"表设计器"。退出时,系统会提示"现在输入数据记录吗?"(见图4-6),如果不想马上输入记录,则按"否"按钮,这时所建立的表只有结构而没有记录;否则按"是"按钮,例如这里按"是"按钮,然后输入表4-1中的内容,如图4-7所示。录入完成后,直接点窗口的关闭按钮或按键盘上的＜Ctrl＞+＜W＞组合键即可退出录入。

注意:备注型字段值的录入方法:当光标停在"简历"字段上时,按＜Ctrl＞+＜PageUp＞,即可打开备注型字段的编辑窗口,输入完成后点击窗口的关闭按钮,或者按＜Ctrl＞+＜W＞即可保存退出。

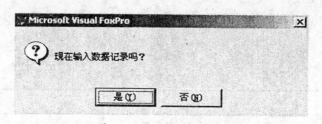

图4-6 退出表设计器

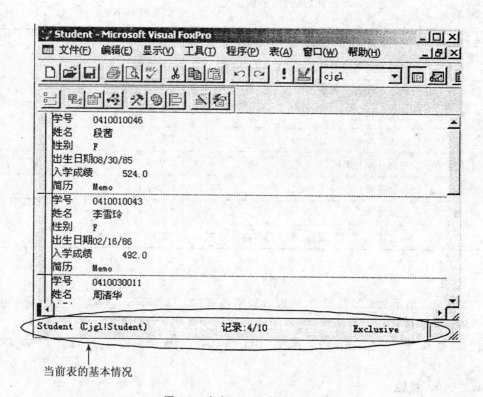

图4-7 为表student输入记录

4.2 表的基本操作

建立完表文件后,接下来的工作就是要进行表中记录的添加、修改、删除等维护操作。数据维护的主要工具就是"表浏览器"。

在对表进行数据维护操作之前,必须首先打开表。在完成操作后,应该关闭表。

4.2.1 表的打开/关闭

1. 表的打开

Visual FoxPro 6.0 提供了多种打开表的方式,常见的有菜单方式和命令方式。

(1)菜单方式
- 选择"文件"菜单下的"打开"命令,系统弹出如图 4-8 所示的"打开"对话框;
- 选择表文件所在的文件夹;
- 在文件类型列表框中选择文件类型为"表";
- 双击要打开的表文件名,或单击要打开的表文件名后按"确定"按钮。

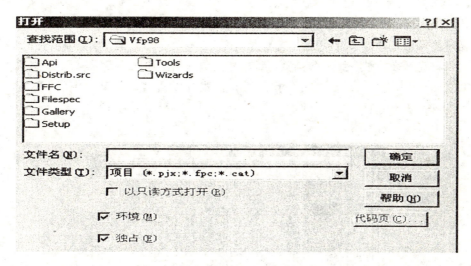

图 4-8 "打开"对话框

(2)命令方式

打开表文件的命令为:

USE [表文件描述]

"表文件描述"包括表文件所在的目录路径和表文件名,如果表文件就保存在系统的默认工作目录中,则"表文件描述"就是表文件名。

例 4.1 设 student.dbf 文件所在的目录是系统当前的默认工作目录,则打开该表的命令为:

USE student

设 student.dbf 文件所在的目录(F:\XSGL)不是系统当前的默认工作目录,则打开该表文件的命令为:

USE F:\XSGL\student

当表文件被打开后,并看不到其中的记录数据,但是我们可以在窗口的状态栏上看到被打开的文件的基本情况,如图 4-7 所示,状态栏上显示的内容从左至右为:文件名(文件所在的数据库名! 文件名),当前记录/总记录数。

2. 表的关闭

表的关闭一般使用不带参数的 USE 命令：

USE

如果想一次关闭所有打开的文件，则可用命令：

CLOSE ALL

4.2.2 表的浏览

1. 打开浏览窗口

在命令窗口中输入如下命令可以打开浏览窗口，如图 4-9 所示，浏览当前表文件的所有记录：

BROWSE

使用"显示"菜单中的"浏览"命令也可以打开浏览窗口。

2. 两种显示格式

浏览窗口显示表记录有编辑和浏览两种格式。编辑格式如图 4-7 所示，一个字段占一行。浏览格式如图 4-9 所示，一个记录占一行。两种格式可以通过显示菜单中的"浏览"命令和"编辑"命令来相互切换。

图 4-9 使用 BROWSE 命令打开浏览窗口

4.2.3 增加记录

1. 在浏览窗口中追加记录

追加记录是指将新记录添加到表的末尾。

当浏览窗口被打开并成为活动窗口时，"显示"菜单中会出现一个"追加方式"的命令，同时，菜单栏中还增加了一个"表"菜单项。

执行"显示"菜单中的"追加方式"命令或"表"菜单中的"追加新记录"命令都可以追加记录。二者的区别是："追加方式"命令可以连续追加多条记录，而"追加新记录"命令一次只能追加一条记录。

2. 增加记录的命令

(1) APPEND 命令

APPEND 命令是在表的尾部增加记录,它的命令格式为:
APPEND [BLANK]

使用 APPEND 命令需要立刻交互输入新的记录值,界面如图 4-10 所示,一次可以连续输入多条新记录。而 APPEND BLANK 是在表的尾部增加一条空白记录。追加完成后关闭窗口结束。

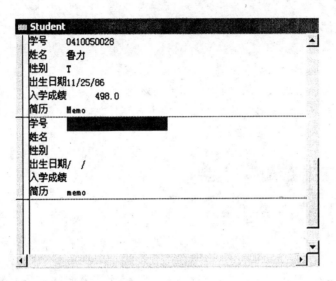

图 4-10　使用 APPEND 命令追加记录

(2) INSERT 命令

如果想要在表的任意位置插入新的记录,可使用 INSERT 命令,格式为:
INSERT [BEFORE] [BLANK]

对格式中的短语进行说明:
● BEFORE:若使用该短语,则表示在当前记录之前插入一条新记录,否则在当前记录之后插入一条新记录。
● BLANK:若使用该短语,则表示插入一条空白记录,否则就需要立刻交互输入新的记录值。

例 4.2　在表文件 student.dbf 中添加两条记录,一是在文件首添加一条空白记录,另一条记录添加在表文件尾,各字段的值为:学号为"0410020001",姓名为"张勇",性别为"T",出生日期为"1987-6-3",入学成绩为"550.0",简历为"2004 年进入湖北大学知行学院计算机网络专业"。命令操作如下:

USE　student
INSERT　BEFORE　BLANK　&& 在文件首添加一条空白记录
APPEND

此时在交互状态下输入新记录的各个字段值,状态上的总记录数变为 12。

请大家注意观察,执行以上三条命令时,状态栏上当前记录和总记录数的变化。我们在 4.2.7 节中将学习记录的定位。

4.2.4 删除记录

记录的删除分为两步:先被逻辑删除(假删除),然后再被物理删除(真删除)。

所谓逻辑删除是指给记录做上删除标记,记录还保存在表文件中,如果需要,逻辑删除的记录可以恢复;所谓物理删除是指将已进行逻辑删除的记录从表文件中去掉,记录一旦被物理删除则不可能再恢复。

1. 逻辑删除和恢复

(1) 在浏览窗口进行操作

打开表文件以后,在浏览窗口中显示表文件的数据。在第一个字段值的左边有一个矩形的空白区域,如果要删除某条记录,则将光标指向该记录前的矩形区域,然后单击,则矩形区域显示为黑色,表示该记录已经被逻辑删除。想要恢复删除,再次单击就可以了。如图 4-11 所示,图中显示的第一条记录前的矩形区域是黑色,表示已经被逻辑删除了。

(2) 使用"表"菜单进行操作

如果想一次删除一批记录,则需要使用"表"菜单中的"删除记录"命令。执行该命令时,系统会弹出如图 4-12 所示的对话框,在对话框中对删除的范围和条件进行设置。想要恢复删除,则需要选择"表"菜单中的"恢复记录"命令。

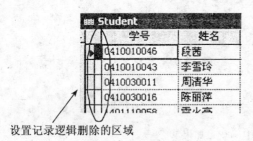

图 4-11 在浏览窗口中逻辑删除记录

例 4.3 想删除表 student.dbf 中"入学成绩"字段值在 450.0 分以下的记录,则在"删除"对话框中的"作用范围"列表中选择"ALL",在"FOR"文本框中输入删除记录的条件"入学成绩

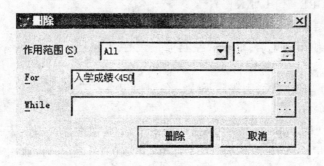

图 4-12 "删除"对话框

<450.0",然后单击"删除"按钮就完成了删除。

(3) 使用命令对记录进行逻辑删除和恢复

DELETE [范围] [FOR 条件]

RECALL [范围] [FOR 条件]

例 4.4 删除表中所有"入学成绩"字段值小于 450.0 的记录,命令为:

DELETE   ALL   FOR   入学成绩<450.0

例 4.5 恢复所有被逻辑删除的记录的命令为:

RECALL ALL

2. 物理删除

在浏览窗口中无法对记录进行物理删除。

(1)用"表"菜单进行操作

如果表中已经逻辑删除了一批记录,并且确定这些记录已经不需要了,则可以选择"表"菜单下的"彻底删除"命令将这些记录物理删除掉。

使用"彻底删除"命令时,Visual FoxPro 6.0 首先将表中未做删除标记的记录复制到一个临时表文件中,然后将原表文件删除,再将临时表改名为原表文件名。因此,对数据量较大的表进行记录的物理删除时需要较长的时间,所以建议对较大的表不要频繁地进行记录的物理删除。

(2)用命令进行操作

PACK

该命令没有短语,它的作用是彻底删除当前表中带删除标记的记录。

3. 物理删除表中全部的记录

使用 ZAP 命令可以物理删除表中全部的记录,不管是否有删除标记。该命令只是删除全部记录,并不删除表文件。执行完该命令后,当前表的状态为:只有结构没有记录。

4.2.5 修改记录

在 Visual FoxPro 6.0 中可以交互修改记录,也可以用指定值直接修改记录。

1. 用 BROWSE、EDIT 或 CHANGE 命令交互式修改

前面已经学习过 BROWSE 命令的用法,BROWSE 命令除了浏览表数据外,还可以修改记录的字段值,其方法为:通过键盘或鼠标将光标定位在要修改的字段值上,直接在原有的字段值上进行编辑、修改。

EDIT 和 CHANGE 命令均用于交互式地对当前表记录进行编辑、修改,操作界面与图 4-10 所示的 APPEND 界面相同。默认编辑的是当前记录,可以通过 PageDown 或 PageUp 键跳到下一条记录或上一条记录,当然,也可以直接通过鼠标来定位修改的记录,然后直接在原有的记录上进行编辑、修改就可以了。

在输入新值时,要注意该字段的类型和宽度的定义。修改完成后,按 <Ctrl> + <W> 或直接关闭窗口保存退出。

2. 用 REPLACE 命令直接修改

可以使用 REPLACE 命令直接用指定的表达式或值修改记录,格式为:

REPLACE [范围] [FOR 条件] 字段名 1 WITH 表达式 1 [,字段名 2 WITH 表达式 2]...

该命令的功能是直接利用表达式的值替换规定范围内满足条件的记录的指定字段的值,从而达到修改记录值的目的。

命令中如果没有范围和 FOR 条件,则默认修改的是当前记录。

例 4.6 将当前表中所有记录的"综合评估"字段加 5 分。

REPLACE   ALL   综合评估   WITH   综合评估 +5

4.2.6 显示记录

显示记录是指使用命令将当前表的记录显示在主窗口中。可以使用的命令是 LIST 和 DISPLAY。命令格式如下:

LIST/DISPLAY [范围] [FOR 条件] [OFF] [TO PRINTER [PROMPT]|TO FILE 文件名]

格式说明：

LIST 默认显示全部记录,为翻滚式显示;而 DISPLAY 则默认显示当前记录,为分屏式显示,当记录显示满一屏时暂停。

范围短语：

ALL 全部记录;REST 从当前记录到最后一条记录;RECORD N 记录号为 N 的一个记录;NEXT N 从当前记录开始的 N 个记录(包括当前记录在内)。

FOR 条件:使条件为真的那些记录参加操作,条件为逻辑表达式。

字段名列表:只显示列表中指定的那些字段,字段名之间用逗号隔开,缺省为显示所有字段。

OFF:缺省为显示记录号。

TO PRINTER:说明将结果输出到打印机,如果还使用了 PROMPT,则在打印之前出现一个打印设置对话框,可以对打印机进行设置。

TO FILE:说明将结果输出到文件,需指定文件名,默认文件类型为文本文件.TXT。

下面的例子中均假设当前表为 student.dbf。

例 4.7　显示表 student.dbf 中的所有记录。

LIST

或　DISPLAY ALL

例 4.8　显示表 student.dbf 中所有女生的记录。

LIST　FOR　性别 = .F.

例 4.9　显示表 student.dbf 中出生日期在 1986 年的学生的学号和简历。

LIST　FOR　YEAR(出生日期) = 1986　FIELDS 学号,简历

4.2.7　记录定位

数据表文件中的当前记录是表文件中的一个重要记录,为了操作某个记录,一般要将该记录置为当前记录。将某个记录置为当前记录称为"定位",常用的定位方法有绝对定位、相对定位和查找。绝对定位是指记录号已知的定位方式,相对定位是指从当前记录向前(或向后)跳若干个记录的定位方式,查找是将当前记录置为符合某个条件的第一个记录的定位方式。下面分别予以介绍。

1. 绝对定位

命令格式为:GO[TO] TOP|BOTTOM|[RECORD] N 型表达式

其中 N 为记录号,表示直接按记录号定位;TOP 是表头,表示定位到第一个记录;BOTTOM 是表尾,表示定位到最后一条记录。

该命令对应的菜单命令为:"表" -> "转到记录"。

例 4.10　假设当前表共有 10 条记录,将当前记录定位到第 5 条记录。

GO　5

或　5

2. 相对定位

命令格式为:SKIP [N 型表达式]

其中 N 可以是正整数或负整数,默认值为 1。如果是正整数则向文件尾方向移动,如果是

负整数则向文件首方向移动。

该命令对应的菜单命令为:"表"->"转到记录"。

例 4.11 假设当前表共有 10 条记录,当前记录为第 3 条记录,现在将当前记录进行定位:

SKIP 4 &&当前记录向文件尾方向移动 4 个
SKIP &&当前记录向文件尾方向移动 1 个
SKIP -2 &&当前记录向文件首方向移动 2 个

请思考:现在的当前记录为第几条记录?

3. 顺序查找命令

用 LOCATE 命令进行定位,该命令是按条件定位记录位置。格式为:

LOCATE FOR 条件表达式

该命令执行后将记录指针定位在满足条件的第一条记录上,如果要使指针指向下一条满足"条件表达式"的记录,使用 CONTINUE 命令,如果没有满足条件的记录,指针将指向文件结束位置。

为了判断 LOCATE 或 CONTINUE 命令是否找到了满足条件的记录,可以使用函数 FOUND,如果有满足条件的记录,该函数返回.T.,否则返回.F.。常用结构为:

LOCATE FOR 条件表达式
DO WHILE FOUND( )
...... && 处理语句
CONTINUE
ENDDO

通过以上的语句,可以首先找到第一条满足条件的记录,接着在循环体内进行有关的处理,然后使用命令 CONTINUE 找到下一条满足条件的记录,并进行相应的处理。如此循环直到没有满足条件的记录为止。

4.3 索引与排序

4.3.1 索引的概念

若要按特定的顺序定位、查看或操作表中记录,可以使用索引。Visual FoxPro 6.0 使用索引作为排序机制,为开发应用程序提供灵活性。根据应用程序的要求,可以灵活地对同一个表创建和使用不同的索引,方便按不同顺序处理记录。

1. 索引的定义

在数据库中,索引是按照某种规律对数据进行逻辑排序,便于快速查找和存取。对于表文件,可以使用索引对其中的数据进行排序、快速显示、查询等操作。索引对于数据库内表之间的创建关联也很重要。表索引是一个记录号的列表,它指向待处理的记录,并确定了记录的处理顺序,存储了一组记录指针。索引不改变表中所存储数据的顺序,它只改变了 Visual FoxPro 6.0 读取每条记录的顺序。

2. 索引关键字的类型

(1)主索引

在指定的字段和表达式中,主索引的关键字绝对不允许有重复值,是一种只能在数据库表中而不能在自由表中建立的索引。这样的索引可以起到主关键字的作用,这里说的"不允许出现重复值"是指建立索引的字段不允许重复。如果在任何已经含有重复数据的字段中建立主索引,Visual FoxPro 6.0 将产生错误信息,除非首先删除该字段中重复的字段值。

一个表只能有一个主关键字,即一个表只能创建一个主索引,如果一个表已经有了一个主索引,则可以继续为它添加候选索引。

(2) 候选索引

像主索引一样要求字段值的惟一性并决定了处理记录的顺序,建立候选索引的字段可以看做是候选关键字,索引一个表可以建立多个候选索引,即在数据库表和自由表中均可为每个表建立多个候选索引。

(3) 惟一索引

惟一索引允许索引关键字有重复。当有重复值出现时,索引文件只保存重复值的第一次出现。在这里一定要区分:惟一索引中的惟一与以上两个索引中"不允许出现重复值"的惟一的不同含义。惟一索引是为了保持同早期版本的兼容性。在一个表中可以建立多个惟一索引。

(4) 普通索引

普通索引也可以决定记录的处理顺序,它不仅允许重复值,并且在索引文件中也允许出现重复值。在一个表中可以建立多个普通索引。

从以上各种类型索引的定义来看,主索引和候选索引具有相同的特点,除了有排序功能以外,还可以保证建立主索引和候选索引的字段值的惟一性,不允许有重复的字段值。而惟一索引和普通索引只起到了索引排序的作用。

3. 索引的种类

Visual FoxPro 6.0 有三种索引,它们分别是:结构复合索引(.CDX)、独立复合索引(.CDX)、单索引(.IDX)。其中,结构复合索引是所有索引中最为重要和常用的索引,其特点如下:

①在打开表的同时自动打开索引文件。
②索引文件主名与表文件主名相同。
③在同一个索引文件中可以有多种排序方式,具有多个索引关键字。
④在对表进行添加、修改、更新、删除等操作时,索引文件将自动更新。

4.3.2 建立索引

在 Visual FoxPro 6.0 中建立索引是一件非常容易的事情,由于 Visual FoxPro 6.0 允许在一个表中设定多个索引,因此,我们仍以表 4-1 中的学生表(文件名为:student.dbf)为例。下面介绍如何建立索引。

1. 在表设计器中建立索引

(1) 单关键字的索引

假设在 student.dbf 中建立三个索引:
- "学号"按递增顺序排列,索引关键字为"主索引";
- "出生日期"按递减顺序排列,索引关键字为"普通索引";
- "入学成绩"按递增顺序排列,索引关键字为"普通索引"。

其操作步骤如下：
- 打开 student.dbf 的表设计器。
- 按以上的要求建立三个索引，如图 4-13 所示。

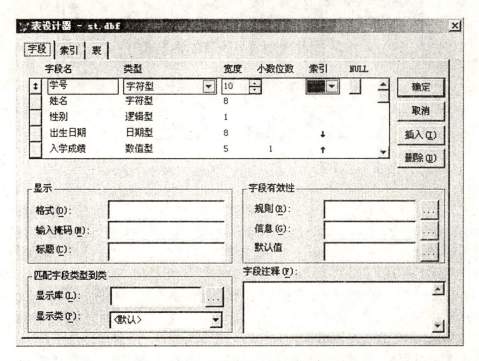

图 4-13　在表设计器中建立单关键字的索引步骤 1

- 在图 4-13 中，单击"索引"标签，出现索引标签项窗口，在该窗口下用户可以选择索引的类型、表达式等内容，用户只需要单击"类型"边的三角形符号即可出现四种索引的选单，用于可以通过需要选择索引类型，如图 4-14 所示。

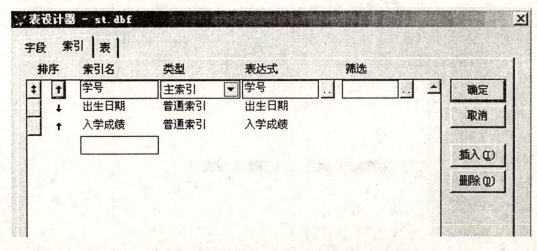

图 4-14　在表设计器中建立单关键字的索引步骤 2

- 单击"确定"按钮,完成索引的设置。这时系统会自动比较目前的记录数据是否违反索引关键字设定的规则,出现如图 4-15 所示的对话框,按"是"按钮即可。

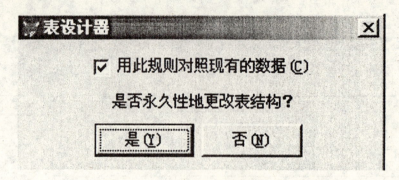

图 4-15 在表设计器中建立单关键字的索引步骤 3

（2）多关键字的索引

在多个字段上的索引称为多关键字的索引。这种索引的排序是按照表达式的值而不是按照字段进行的。

假设我们对 student.dbf 建立"出生日期"和"入学成绩"两个字段的索引,即当"出生日期"有相同值时,按"入学成绩"的升序排序。其操作步骤如下:

- 打开 student.dbf 的表设计器。
- 在"表设计器"中选择"索引"标签项。
- 选择"出生日期"索引名,并单击表达式的"..."按钮,出现表达式生成器窗口。
- 在该窗口下,选择或直接输入:dtoc(出生日期)+str(入学成绩,7,2),如图 4-16 所示,最后按"确定"按钮即可完成多个关键字的索引设置。

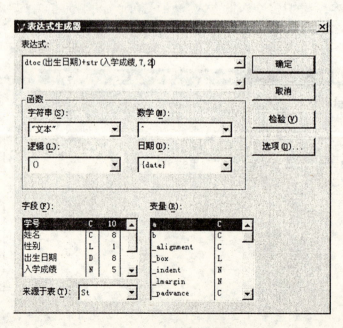

图 4-16 表达式生成器

2. 用命令建立索引

在 Visual FoxPro 6.0 中,一般都会在表设计器中建立索引。但有时需要在程序中临时建立一些普通索引或惟一索引时,就只能通过命令来完成。建立索引的命令是 INDEX,具体格式如下:

INDEX ON eExpression TO IDXFileName | TAG TagName [OF CDXFileName]
[FOR lExpression] [COMPACT]
[ASCENDING | DESCENDING]
[UNIQUE | CANDIDATE]
[ADDITIVE]

其中参数或选项的含义如下:

eExpression 是索引表达式,它可以是字段名,或包括字段名的表达式。

TO INDFileName 表示建立一个单独的索引文件,IDXFileName 是扩展名为 .idx 的文件,该项是为了与以前版本兼容,现在一般只是在建立一些临时索引时才使用。

TAG TagName 中的 TagName 给出索引名,多个索引可以创建在一个索引文件中,这种索引称为结构复合索引,其文件名与相关的表同名,并具有 .cdx 扩展名。

如果选用 OF 短语,则可以用 CDXFileName 指定包含多个索引的复合索引文件名,扩展名也是 .cdx。

FOR lExpression 给出索引过滤条件,只索引满足条件的记录,该选项一般不使用。

COMPACT 当使用 To IDXFileName 时说明建立一个压缩的 .idx 文件,复合索引总是压缩的。

ASCENDING 或 DESCENDING 说明建立升序或降序索引,默认升序。

UNIQUE 说明建立惟一索引。

CANDIDATE 说明建立候选索引。

ADDITIVE 与建立索引本身没有关系,说明现在建立索引时是否关闭以前的索引,默认是关闭已经使用的索引,使新建立的索引成为当前索引。

4.3.3 使用索引

1. 打开索引

结构复合索引文件是随着表文件的打开而自动打开的,而另外两种索引文件都需要在使用之前用命令来打开。打开索引文件的命令格式为:

SET INDEX TO 索引文件名列表

其中"索引文件名列表"是将一次要打开的多个索引文件用逗号分隔,文件的扩展名为 .idx 和 .cdx。

执行命令后,索引文件列表中的第一个索引文件成为主索引文件,如果主索引文件是 .idx 文件,因为是单索引文件,表处理的记录次序将按其索引顺序进行;如果主索引是 .cdx 文件,因为是复合索引文件,默认的索引项是它在创建时的第一个索引项。如果要使用其他索引还要设置当前索引。

2. 设置当前索引

在结构索引(或者非结构索引)文件作为主索引文件时,在使用某个特定索引项进行查询或需要记录按某个特定索引项的顺序显示时,必须使用如下命令指定当前索引项:

SET ORDER TO ［索引序号］[TAG] 索引名］
[ASCENDING|DESCENDING]

其中,索引序号是指建立索引的先后顺序号,并且按照在 SET INDEX TO 命令中的总序号排列,不容易记忆,建立使用索引名。

不管索引是按升序或降序建立的,在使用时都可以用 ASCENDING 或 DESCENDING 重新指定升序或降序。

例 4.12 将结构索引文件中的"学号"设置为当前索引项

SET ORDER TO TAG 学号

或

SET ORDER TO 学号

3. 删除索引

如果某个索引不再使用则可以删除它,删除索引的办法是在表设计器中使用"索引"选项卡选择删除索引。也可以使用命令来删除结构索引,格式为:

DELETE TAG 索引名 | ALL

其中,"索引名"是指定为删除的索引项,当要删除全部索引时则使用:

DELETE TAG ALL

4.3.4 排序

排序就是根据表中的某些字段的值重新排列记录,排序结束后生成一个新表,而原来的表不变,排序命令格式为:

SORT TO 新文件名 ON 字段名 1[/A][/D][/C][,字段名 2[/A][/D][/C]...]
［范围］[FOR 条件][FIELDS 字段名表]

其中,ON 短语的字段名是排序所依据的字段,记录将按字段值的增大(升序)或减小(降序)来排列。/A 表示升序(默认值),/D 表示降序,/C 表示不区分字母的大小写。ON 短语的字段名不能是备注型或通用型。可以使用多个字段名实现多重排序,即先按字段名 1 排序,对于字段值相同的记录再按字段名 2 排序,依次类推。

缺省范围和条件短语时表示对所有的记录排序。FIELDS 短语指定排序后得到新表中所包含的字段,缺省该短语时默认包含所有的字段。

例 4.13 对学生表按照姓名升序排序,如果姓名相同则按出生日期降序排列。新表 XSPX.DBF 中只包含姓名、性别和出生日期三个字段。

USE student.DBF

SORT TO XSPX ON 姓名,出生日期/D FIELDS 姓名,性别,出生日期

排序通常适用于记录较少的表,因为对于规模较大的表进行排序,不但生成的新表占用存储空间大,而且源表中的数据一经修改,还需要重新排序,所以实际工作中最常用的方法还是建立索引。

4.4 查询与统计命令

4.4.1 索引查询命令

1. SEEK 命令

SEEK 是利用索引快速定位的命令,格式为:

SEEK 索引关键字值 [ORDER 索引序号|[TAG] 索引名]
[ASCENDING|DESCENDING]

其中,可以用索引序号或索引名指定按哪个索引定位,还可以使用 ASCENDING 或 DESCENDING 说明按升序或按降序定位。当表中的记录较多时,根据索引关键字的值决定从前面开始找或从后面开始找,可以提高查找的速度。

例 4.14 假定学生表已经打开,并且当前的索引项是"学号",将记录指定定位在学号为"0410030007"的记录上,应使用命令:

SEEK "0410030007" ORDER 学号

2. FIND 命令

FIND 命令是搜索某个已经建立索引的表,包含此命令是为了提供向后兼容性,可用 SEEK 命令代替。命令格式为:

FIND 索引关键字值

与 SEEK 命令相比,仅参数个数不同,其他都一样。

4.4.2 统计命令

1. 记录个数的统计命令(COUNT)

命令的格式为:

COUNT [范围] [FOR 条件] [TO 内存变量]

该命令计算指定范围内满足条件的记录个数,缺省范围时是指表中的全部记录。统计得到的记录数通常显示在主窗口的状态栏中。如果使用了 TO 短语,则还可以将记录数存储在内存变量中,便于以后引用。

例 4.15 假设学生表已经打开,统计所有女生的人数,并将统计的结果存放到变量 N 中。

COUNT FOR NOT 性别 TO N   && 性别字段的类型为逻辑型
? N   && 输出变量 N 的值
5   && 统计的结果

2. 求和/求平均值命令(SUM/AVERAGE)

求和与求平均值命令的格式相同、用法相似。命令格式为:

SUM | AVERAGE [数值表达式] [范围] [FOR 条件] [TO 内存变量| ARRAY 数组]

SUM 命令的功能是在当前表中,对数值表达式表的各个表达式分别求和。

AVERAGE 命令的功能是在当前表中,对数值表达式表的各个表达式分别求平均值。

数值表达式表中各表达式的和(或平均值)依次存入内存变量或数组,缺省数值表达式则对当前表中所有数值型字段分别求和(或求平均值)。

与 COUNT 命令一样,这两条命令中缺省范围短语时,也是指表中的全部记录。

需要注意的是:求和、求平均值的计算都是对当前表的垂直方向进行的。

例 4.16 已经打开的"成绩"表中有学号、课程名和成绩三个字段,要求写命令计算"英语"课程的平均分。

AVERAGE 成绩 FOR 课程名="英语"

3. 汇总命令(TOTAL)

该命令的作用是计算当前选定表中数值字段的分类汇总和,并将结果保存在新的汇总表文件(文件的扩展名为.dbf)中。命令格式为:

TOTAL TO 文件名 ON 关键字 ［FIELDS 数值型字段表］［范围］［FOR 条件］

执行该命令的前提条件是表中的记录必须是有序的,命令中"ON"的关键字是索引关键字或排序所依据的字段。FIELDS 短语中的数值型字段表指出要汇总的字段,缺省时表示对当前表中所有数值型字段进行汇总。缺省范围时表示表中所有记录。

例 4.17 在例 4.16 中的"成绩"表中,按学号汇总各门课程的总分。

USE 成绩
INDEX ON 课程名 TO TAG 学号
TOTAL TO CJHZ ON 学号 FIELDS 学号,成绩
USE CJHZ
BROWSE

汇总结果如图 4-17 所示。

学号	成绩
0410010046	140
0410030007	218
0410040023	237
0410050023	166

图 4-17 按学号汇总

4.5 多个表的同时使用

当用 USE 命令打开一个表时,同时也就关闭了当前已经打开的表。为了能够同时使用多个表,Visual FoxPro 引入了"工作区"的概念。

1. 工作区

工作区是一个编号区域,它标识一个已经打开的表,在 Visual FoxPro 中我们可以在 32 767 个工作区中打开和操作表,即最多可以打开 32 767 个表,但这些表要在不同的工作区,也就是说一个工作区只能有一个打开的表。

在应用程序中,工作区通常通过使用该工作区的表的别名来标识。表别名是一个名称,也可以引用在工作区中打开的表。前 10 个工作区指定别名是字母 A 到 J,在工作区 11～32 767 中指定的别名是 W11 到 W32 767。我们可以使用这些 Visual FoxPro 指定的别名,来引用在一个工作区中打开的表。

如果要在最低可用工作区中打开表,可以在 USE 命令的 IN 子句后面加工作区"0",该方法是在没有使用的工作区中选择编号最小的工作区来打开数据表文件。如果要选择指定的工作区,应使用 SELECT 命令。命令格式为:

SELECT 工作区号 | 表别名

其中,工作区号为大于或等于 0,小于或等于 32 767 的整数。如果在某个工作区中已经打开了表,若要回到该工作区操作该表,可以使用参数"表别名"。在使用 USE 命令打开表文件时,可以指定表的别名,如:

USE 学生表 IN 1 ALIAS STU   && 将学生表在1号工作区中使用,并指定表的别名为STU

例 4.18 在 1、4、9 号工作区中打开学生表、课程表和成绩表,并选择当前工作区。

SELECT 4
USE 课程表
SELECT 9
USE 成绩表
SELECT 0
USE 学生表

当前的工作区是 1 号工作区,如果要操作成绩表,则应使用命令:

SELECT 9

或 SELECT 成绩表

也可以在 USE 命令中指定表文件的打开位置,如:

USE 学生表 IN 1
USE 课程表 IN 4
USE 成绩表 IN 9

2. 使用不同工作区的表

Visual FoxPro 允许在一个工作区中使用另一个工作区中的表。在一个工作区中可以直接利用表名或表的别名引用另一个表中的数据,具体方法是在别名后加上"."或"->",然后再接字段名。

例 4.19 在一个工作区中使用其他工作区中表的字段的值。

USE   学生表   IN   1
USE   成绩表   IN   2
? 学号,成绩表 -> 学号

4.6 小结

本章介绍了数据库表创建与维护的基本操作。这些操作可以通过界面(如表设计器)操作来实现,也可以通过命令方式来实现。界面操作虽然直观性强,但步骤烦琐,而命令方式简捷方便,希望读者能够将二者结合使用。

4.7 习题

一、选择题

1. 如果需要给当前的表增加一个字段,应使用的命令为(   )。
   A. APPEND   B. MODIFY STRUCTURE   C. INSERT   D. EDIT

2. 已知当前表中有 100 条记录,当前记录为第 3 号记录。如果执行命令 SKIP 3 后,则当前记录为第(   )号记录。
   A. 3   B. 4   C. 5   D. 6

3. 关于自由表的叙述,正确的是(   )。

A. 全部是用以前版本的 FoxPro(FoxBase)建立的表

B. 可以用 Visual FoxPro 建立,但不能把它添加到数据库中

C. 自由表可以添加到数据库中,数据库表也可以从数据库中移出成为自由表

D. 自由表可以添加到数据库中,但数据库表不可以从数据库中移出成为自由表

4. 当前数据表文件中有一个长度为 10 的字符型字段:姓名,执行如下命令后显示的结果是(　　)。

REPLACE 姓名 WITH "张三"

? LEN(姓名)

A. 2　　　　　　B. 4　　　　　　C. 10　　　　　　D. 11

5. 数据库表的四种索引形式中,不允许字段值出现重复的索引有(　　)种。

A. 1　　　　　　B. 2　　　　　　C. 3　　　　　　D. 4

二、填空题

1. 索引的种类中,一个表的主索引可以有_____个。

2. 逻辑删除数据库表中的记录命令为_____。

3. 设当前打开的数据表中共有 10 条记录,当前记录号是 5,此时若要显示 5、6、7、8 号记录的内容,应使用命令为_____。

4. 在 Visual FoxPro 中,_____的值不能为空,即出现 Null 值。

5. 在多工作区操作中,如果选择了 1、3、5、7 号工作区并打开了相应的数据库,在命令窗口执行命令 SELECT 0,其功能是_____。

第5章 数据库的基本操作

5.1 数据库设计概述

通过把表放入数据库汇总,可减少冗余数据的存储,保护数据的完整性,可控制字段怎样显示或键入到阻断中的值,也可添加视图并连接到一个数据库中,用来更新记录或扩充访问远程数据库的能力。

为了减少数据库表的冗余度,根据关系数据库的理论,常常要把一个复杂的表分解成多个不可再分的表,而这些表之间就必然显示出它们所存在的复杂联系。把一个复杂的表分解成多个表组成一个数据库,充分利用了它们之间的关联关系,能使数据库中存储的表发挥出应有的诸多使用功能。利用表间的关联关系解决复杂的数据处理问题,实现数据库的多重功能,则会大大强化数据库的使用效果。

5.2 创建数据库

创建数据库可以使用"数据库设计器"创建数据库和使用"项目管理器"创建数据库。

5.2.1 使用"数据库设计器"创建数据库

利用"数据库设计器"创建数据库的步骤:在 Visual FoxPro 系统中,从"文件"菜单中选择"新建"命令,然后在"新建"对话框中选择"数据库"单选按钮,并单击"新建文件"命令按钮,如图 5-1 所示,进入"数据库设计器"窗口,如图 5-2 所示。然后单击右键,会弹出右键菜单,如图 5-3 所示,对数据库进行操作。

5.2.2 使用"项目管理器"创建数据库

项目管理器用于组织和管理项目中的文件,可以建立、修改、查看这些文件,可作为应用系统开发维护的控制中心。项目是文件、数据、文档以及 Visual FoxPro 对象的集合,项目文件以.pjx 扩展名保存。项目管理器可以直接操作,也可以逐步增加应用系统全部组件,所以适合系统开发从头至尾使用。

利用"项目管理器"创建数据库的步骤:在 Visual FoxPro 系统中,从"文件"菜单中选择"打开"命令,在窗口中选择已有的项目文件,单击"确定"按钮,进入"项目管理器"窗口,定义新建的数据库的名字"学生成绩查询系统",单击"保存"按钮,则数据库文件创建完成。

Visual FoxPro 程序设计

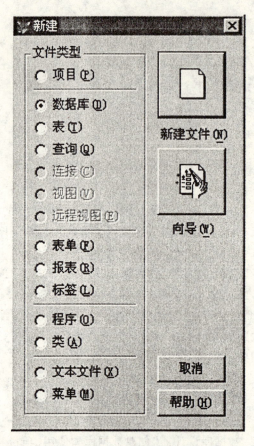

图 5-1　新建对话框

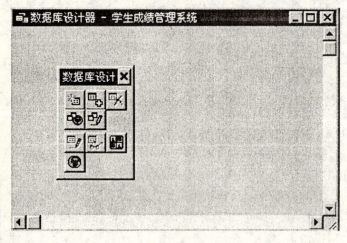

图 5-2　数据库设计器

图 5-3　数据库右键菜单

5.3 数据库的基本操作

5.3.1 数据库的打开/关闭

1. 打开数据库

打开数据库的方法有以下几种：

(1) 菜单方式

操作步骤：

● 在 Visual FoxPro 系统主菜单中，选择"文件"中的"打开"命令，进入"打开"窗口。

● 在"打开"窗口的"文件类型"下拉列表框中选择"数据库"，然后输入要打开的数据库名，再单击"确定"按钮，进入"数据库设计器"窗口。

(2) 命令方式

操作步骤：

● 使用 OPEN 命令如下：

OPEN DATABASE ＜数据库名＞ ［Shared］ ［Exclusive］

说明：打开以＜数据库名＞为名的数据库。

● 使用 MODIFY 命令如下：

MODIFY DATABASE ＜数据库名＞

说明：打开以＜数据库名＞为名的数据库，并打开数据库设计器。

(3) "项目管理器"方式

操作步骤：

● 在 Visual FoxPro 系统主菜单中，选择"文件"中的"打开"命令，进入"打开"窗口。

● 在"打开"窗口的"文件类型"下拉列表框中选择"项目"，然后输入要打开的项目名，再单击"确定"按钮，进入"项目管理器"窗口。

● 在"项目管理器"窗口中选择"数据"选项卡，展开目录"树"，选择要打开的数据库名，再单击"修改"按钮，进入"数据库设计器"窗口。

2. 关闭数据库

关闭数据库的方法有以下两种：

(1) 直接点击数据库右上角的"关闭"按钮

(2) 使用命令：CLOSE DATABASE ［All］

不带 ALL 子句是关闭当前的数据库和表，若没有当前数据库，则关闭所有工作区内打开的自由表，并选择工作区 1。带 ALL 时关闭的是所有打开的数据库。

例 5.1 关闭打开的数据库 CJ 和 KC

OPEN DATABASE　CJ　　　　&& 打开 CJ 数据库

OPEN DATABASE　KC　　　　&& 打开 KC 数据库

CLOSE DATABAS　All　　　　&& 关闭 CJ 和 KC 数据库

5.3.2 在数据库中加入表

1. 向数据库添加已有表

将前面建立的学生表加入到数据库中的步骤:
①从"数据库"菜单中选择"添加表"命令。
②在"打开"对话框中选定学生表,然后选择"确定"。

选定加入数据库之前的学生表是不属于任何数据库的表。因为一个表在同一时间内只能属于一个数据库,所以将它用于新的数据库前必须先将表从旧的数据库中移去。

2. 向数据库中添加新表

在数据库中新建一个成绩表的步骤:
①从"数据库"菜单中选择"新建表"命令,进入"创建"窗口。
②在"输入表名"处输入"Grade",并单击"保存"进入表设计器。

3. 查看数据库中的表

如果数据库中有许多表,有时需要快速找到指定的表,可以使用寻找命令加亮显示所需要的表。

寻找数据库中的表方法为:从"数据库"菜单中选择"查找对象",再从"查找表"对话框中选择需要的表。

如果只想显示表,可选择仅显示表,方法为:从"数据库"菜单中选择"属性",再从"数据库属性"对话框选择合适的显示选项。

除了以上两种方法外,还可以使用命令来显示数据库中包含的表,格式为:DISPLAY TABLE

5.3.3 修改与查看数据库结构

为了了解数据库的组织结构,可以浏览数据库文件、查看分层结构、检查当前数据库和编辑.dbc 文件等。

查看数据库分层结构,可以在数据库后使用 MODIFY DATABASE 命令。

检查当前数据库的完整性,可以使用 VALIDATE DATABASE 命令。

编辑.dbc 文件是一个类似于表的文件,可以使用 USE 命令打开它,并可对记录进行编辑。

5.3.4 与数据库操作相关的命令

除了前面提到的打开、关闭数据库之外,下面介绍一些关于数据库的其他操作。

1. 删除数据库

删除数据库的命令格式如下:
DELETE DATABASE 数据库名 |?[DELETETABLES]

其中"数据库名"指出要从磁盘中删除的数据库名,这个数据库应是关闭的;"?"用于显示"打开"对话框,用户可以从中选择要从磁盘中删除的数据库名;DELETETABLES 子句表示从磁盘中删除数据库中包含这些表的数据库。

例 5.2 删除数据库 123 和所包含的表
　　　DELETE　DATABASE　123

2. 从数据库中移去表

从当前数据库中移去表的格式如下:

REMOVE TABLE 表名

其中"表名"指出要从当前数据中移去的表名。当一个表从数据库中移去后,它就变成了一个自由表,也能够加入到其他的数据库中。在执行 DELETE DATABASE 命令后,所有与该表项链的候选索引、约束、默认值说明、有效性规则也被删除。

5.4 有效性、触发性与参照完整性

5.4.1 有效性

为了提高表中数据输入的速度和准确性,除了定义字段的默认值外,还可以定义字段的有效规则。如果在定义表的结构时输入字段的有效性规则,那么可以控制输入该字段的数据类型,也可以限制某字段可接受的输入范围,如分数在 0 ~100 之间,按照以下步骤可以为阻断设置有效性规则和有效性说明:

①在"表设计器"中打开表。
②在"表设计器"中选定要建立规则的字段名。
③在"规则"方框旁边选择对话按钮。
④在"表达式生成器"中设置有效性表达式,并选择"确定"。

例如,限制"学号"字段的前两位只能为"04",并且输入的学号必须满 10 位。

SUBSTR(学号,1,2) = "04" AND LEN(TRIM(学号)) = 10

建立有效性规则时,必须创建一个有效的 Visual FoxPro 表达式,其中要考虑到这样一些问题:字段的长度,字段可能为空或者包含了已设置好的值等,表达式也可以包含结果为真或假的函数,如图 5-4 所示。

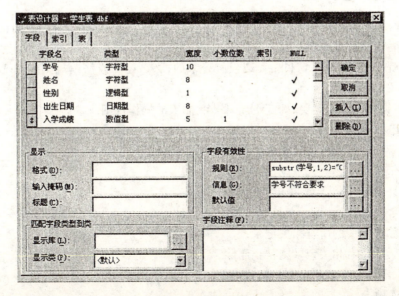

图 5-4 表设计器

在"信息"框中,键入用引号括起来的错误信息,例如显示"学号不符合要求",选择"确定"。如果输入的信息不能满足有效性规则,在"有效性说明"中设定的信息便会显示出来。

5.4.2 触发性

若想对数据维护的合法性进行控制,就要通过数据库级的记录触发器来控制。

触发器是在某些事件发生时触发一个表达式或一个过程,以此来控制记录的插入、删除和更新操作。通常,触发器需要输入一个程序或存储过程,在表被修改时,它们将被激活,如图 5-5 所示。

图 5-5 表的触发器设计

5.4.3 参照完整性

在数据库中的表建立关联关系后,可以设置管理关联记录的规则,这些规则可以控制相关表中记录的插入、删除或修改。

在"参照完整性生成器"窗口中可以设置记录的插入、删除或修改规则。有 3 个选项卡供用户选择,如图 5-6 所示。

用户可根据具体操作需要,确定更新、删除、插入的操作规则。

1. 更新选项卡

级联:用新的关键字值更新子表中的所有相关记录;

限制:若子表中有相关记录则禁止更新;

忽略:允许更新,不管子表中的相关记录。

2. 删除选项卡

级联:删除子表中的所有相关记录;

限制:若子表中有相关记录则禁止删除;

忽略:允许删除,不管子表中的相关记录。

3. 插入选项卡

限制:若父表中没有匹配的关键字值,则禁止插入;

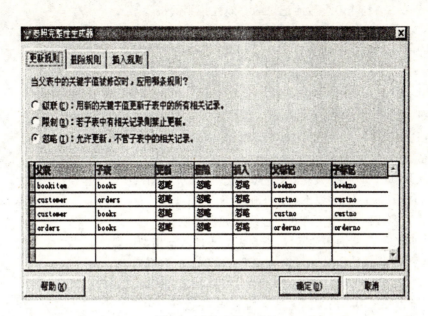

图 5-6　表的参照完整性

忽略：允许插入。

5.5　使用多个数据库

在 Visual FoxPro 中，可以使用 OPEN DATABASE 命令打开多个数据库（一个命令仅打开一个数据库）。尽管同时可以打开多个数据库，但只有一个可能成为当前的数据库，用于操作打开的数据库的命令和函数，如 DBC( )等，只针对当前数据库。可以使用 SET DATABASE TO 命令指定当前数据库。如果指定一个打开的数据库名称，则该数据库成为当前数据库。如果使用默认的数据库名称，则打开的数据库不会成为当前数据库。

5.6　小结

在本章中，介绍了关于数据库的一些基本操作和相关的属性，数据库是一系列在一起协调工作以完成同一任务的表。通过学习完这一章，读者能熟练掌握怎样创建数据库的一些基本操作：数据库的打开/关闭、如何查看数据库中的表、修改和查看数据库中的结构、与数据库操作相关的命令和函数，以及有效性、触发性与参照完整性规则。

5.7　习题

一、选择题

1. 下列各命令中，用于创建数据库的命令是（　　）
A．CREATE　DATABASE　　　　　B．OPEN　DATABASE
C．MAKE　DATABASE　　　　　　D．SETUP　DATABASE

2. 以下( )操作不会激活记录的有效性规则的检验。
   A. 修改表结构并保存时
   B. 修改表的某一记录时
   C. 修改了记录值并执行 SKIP 命令时
   D. 修改表记录数据并关闭表时
3. 参照完整性过程中的更新规则不包括( )
   A. 级联   B. 限制   C. 忽略   D. 触发
4. 关系数据库参照完整性规则不包括( )
   A. 插入规则   B. 删除规则   C. 查询规则   D. 更新规则
5. 在 Visual FoxPro 中,以下叙述正确的有( )
   A. 删除一个数据库后,其内的表也将一起被删除
   B. 数据库表可以有通用型字段,而自由表不能有通用型字段
   C. 在数据库打开的情况下创建的表即自动生成为数据库表
   D. 任何一个数据库表只能为一个数据库所有,不能同时添加到多个数据库中
6. 学生数据库表中不出现同名学生的记录,在数据库中需要建立( )
   A. 字段有效性限制   B. 属性设置   C. 记录有效性限制   D. 设置触发器

二、简答题
1. 简述向表中插入一个触发器的功能。
2. 关联数据表间参照完整性是指什么?

第6章 Visual FoxPro 程序设计基础

在前面的学习中,已经介绍了如何利用 Visual FoxPro 提供的菜单对表中的信息进行简单的人工操作,同时也说明了表操作的基本命令。这些在交互方式下进行的操作,简单、直观,最适合初学者或者是完成简单、不需要重复执行的某些操作。当需要利用它完成一些复杂的任务时,直接使用交互方式是不现实的,实际应用中,采用程序的方式来调用 Visual FoxPro 系统功能是最常用的方式。

本章将介绍程序设计及其相关的一些内容,包括结构化程序的编辑与使用,程序设计中常用的输入、输出命令,程序的基本控制结构、过程与用户自定义函数和面向对象程序设计。

6.1 程序的编辑与使用

6.1.1 结构化程序设计思想

20 世纪 60 年代末,著名学者 E.W.Dijkstra 首先提出了"结构化程序设计"的思想。这种方法要求程序设计者按照一定的结构形式来设计和编写程序,使程序易阅读、易理解、易修改和易维护,这个结构形式主要包括以下两方面的内容:

① 在程序设计中,采用自顶向下、逐步求精的原则。

按照这个原则,整个程序设计过程应分成若干个层次,逐步加以解决,每一步是在前一步的基础上,对前一步设计的细化。这样一个较复杂的大问题,就被层层分解成为多个相对独立的、易于解决的小模块,有利于程序设计工作的分工和组织,也使调试工作比较容易进行。

② 在程序设计中,编写程序的控制结构仅由三种基本的控制结构——顺序结构、选择结构和循环结构组成,避免使用可能造成程序结构混乱的 Goto 转向语句。

所谓程序的控制结构是指用于规定程序流程的方法和手段。它是一种逻辑结构,描述程序执行的顺序,也是一种形式结构,描述程序的编写规则。按照结构化程序设计方法,使设计编写程序的控制结构由上述三种结构组成,这样的程序就是结构化程序。

6.1.2 程序的概念

程序是能够完成一定任务的命令的有序集合。这组命令被存放在称为程序文件或命令文件的文本文件中。

程序与交互操作相比,具有以下四个特点:

① 程序可被修改并重新运行;
② 程序可从菜单、表单和工具栏下启动;
③ 一个程序可调用其他程序;
④ 程序文件一旦编成,则可以多次运行。

本章许多例子用到学生成绩管理系统数据库,此数据库包含学生表、成绩表和课程表,详细内容见第1章。

例 6.1 编写程序文件 PROG1.PRG,统计所有学生入学成绩的平均分。

程序代码如下:
```
SET TALK OFF
USE 学生表 IN 0
SELECT AVG(入学成绩) FROM 学生表 INTO ARRAY m1
CLEAR
? "所有学生入学成绩的平均分:",m1(1,1)
SET TALK OFF
RETURN
```

在命令窗口中输入:DO PRO6.1.PRG,程序运行结果如下:

所有学生入学成绩的平均分:517.00

说明:

①SET TALK ON|OFF 命令:许多数据处理命令(如 AVERAGE、SUM、SQL-SELECT 等)在执行时都会返回一些有关执行状态的信息,这些信息通常会显示在 Visual FoxPro 主窗口、状态栏或用户自定义窗口里。SET TALK 命令用以设置是(ON)、否(OFF)显示这些信息,默认值为 ON。

②命令分行:程序中每条命令都以回车键结尾,一行只能写一条命令。若需要分行书写,应在一行终了时键入续行符";",再按回车键。

6.1.3 程序文件的建立

程序文件的建立与修改,一般是通过调用系统内置的文本编辑器来进行的。

要建立程序文件,可以按以下步骤操作:

①打开文本编辑窗口。从"文件"菜单中选择"新建"命令,然后在"新建"对话框中选择"程序"单选按钮,并单击"新建文件"命令按钮。

②在文本编辑窗口中输入程序内容。这里的编辑操作与普通文本的编辑操作没有什么不同。当然,这里输入的是程序内容,是一条条命令。与在命令窗口输入命令不同,这里输入的命令是不会被马上执行的。

6.1.4 程序文件的保存

从"文件"菜单中选择"保存"命令或按 <Ctrl> + <W> 键,然后在"另存为"对话框中指定程序文件的存放位置和文件名,并单击"保存"命令按钮。

程序文件的默认扩展名是.prg。如果指定其他的扩展名,那么以后在打开或执行程序文件时都要显示指定扩展名。

6.1.5 程序文件的修改

要打开、修改程序文件,可按下列方法操作:

① 从"文件"菜单中选择"打开"命令,弹出"打开"对话框。

② 在"文件类型"列表框中选择"程序"。

③ 在文件列表框中选定要修改的文件,并单击"确定"按钮。

④ 编辑修改后,从"文件"菜单中选择"保存"命令或按 <Ctrl> + <W> 保存文件。若要放弃本次修改,可从"文件"菜单中选择"还原"命令或按 Esc 键。

也可用命令方式建立和修改程序文件。命令格式为:

MODIFY COMMAND <文件名>

这里,文件名前可以指定保存文件的路径。如果没有给定扩展名,系统自动加上默认扩展名.prg。

6.1.6 程序文件的执行

一旦建立好程序文件,就可以用多种方式、多次执行它。下面是两种常用的方法。

菜单方式:

① 从"程序"菜单中选择"运行"命令,打开"运行"对话框。

② 从文件列表框中选择要运行的程序文件,并单击"运行"命令按钮。

采用此方式运行程序文件时,系统会自动将默认的盘和目录设置为程序文件所在的盘和目录。

命令方式:

DO <文件名>

该命令既可以在命令窗口发出,也可以出现在某个程序文件中,这样就使得一个程序在执行的过程中还可以调用执行另一个程序。

当程序文件被执行时,文件中包含的命令将被依次执行,直到所有的命令被执行完毕,或者执行到以下命令:

① RETURN:结束当前程序的执行,返回到调用它的上级程序,若无上级程序则返回到命令窗口。

② CANCEL:终止程序运行,清除所有的私有变量,返回命令窗口。

③ QUIT:退出 Visual FoxPro 系统,返回到操作系统。

④ DO:转去执行另一个程序。

6.2 程序设计的一些常用命令

对于一个程序而言,输入输出部分是必不可少的,为此系统提供了实现程序交互的输入输出语句。下面就对常用的输入、输出命令作概要介绍。

6.2.1 非格式输出语句

命令格式:? |? ? <表达式>

功能:在系统主窗口换行或者不换行输出表达式表的值。

例如:

USE 学生表

LOCATE FOR 学号 = "0410030016"

? "学号:" + 学号

?? "姓名:" + 姓名

? "出生日期:"+DTOC(出生日期)
?? "入学成绩:"+STR(入学成绩,5,1)

程序运行后在 Visual FoxPro 主窗口显示如下内容:

学号:0410030016 姓名:陈丽萍

出生日期:10/15/86 入学 成绩:549.0

6.2.2 格式输入输出命令

命令格式:@ <行,列> SAY <表达式> GET <内存变量> | <字段>

功能:在当前窗口中指定的位置处显示并可接受数据。

例如:
USE 学生表
LOCATE FOR 学号 = "0410030016"
@ 2,6 SAY "学号:" GET 学号
@ 2,30 SAY "姓名:" GET 姓名
rg = DTOC(出生日期)
@ 4,6 SAY "出生日期:" GET rg
cj = STR(入学成绩,5,1)
@ 4,30 SAY "入学成绩:" GET cj

程序运行后在 Visual FoxPro 主窗口显示如下内容:

学号:0410030016 姓名:陈丽萍

出生日期:10/15/86 入学成绩:549.0

经过修改以后的程序,输出的格式显然美观了很多。

6.2.3 基本输入输出命令

1. INPUT 命令

命令格式:INPUT[<提示信息>] TO <内存变量>

功能:在当前窗口的当前光标位置显示<提示信息>的内容,等待用户输入,输入内容时按回车键表示输入结束。系统将用户的输入作为一个表达式处理,先计算表达式的值,然后将结果存入变量中。

可用于输入各种类型的数据。例如:
INPUT "请输入学生的学号:" TO xh
SELECT * FROM 学生表 WHERE 学号 = xh

程序运行后,屏幕提示:

请输入学生的学号:

输入后回车,屏幕显示查询结果,如图 6-1 所示。

需要注意的是输入字符型常量,需要加字符定界符;输入逻辑型常量,两侧需要用小圆点括起来;输入日期型或日期时间型常量,两端需要加花括号;输入货币型常量,需要在数字前加标志符 $;数值型常量可以直接输入。

2. ACCEPT 命令

命令格式:ACCEPT[<提示信息>] TO <内存变量>

图 6-1　程序执行结果

功能：在当前窗口的当前光标位置显示提示信息的内容，等待用户输入，并将输入信息以字符串的形式存储在内存变量中。

此命令常用于且限于输入字符型数据，内容最多为 256 个字符。输入内容时不需要加字符定界符，按回车键表示输入结束。

3. WAIT 命令

命令格式：WAIT [< 提示信息 >] [TO < 内存变量 >] [WINDOWS [AT < 行，列 >]] [NOWAIT] [CLEAR | NOCLEAR] [TIMEOUT < 数值表达式 >]

功能：等待用户输入，只要用户从键盘按下任一键或按下鼠标的左键或右键即执行下一条命令。

说明：

①提示信息由用户指定，若默认，则显示"按任意键继续..."。

②若有 TO 子句，则将输入的字符存入指定的内存变量中，它专用于接受单个字符，且输入单个字符后不需按回车键，操作简单，适用于快速响应的场合。

③如果加上 WINDOWS 选项，将在屏幕右上角出现一个系统信息窗口，在其中显示提示信息。用户按键此窗口会自动清除，这样可避免提示信息利用在屏幕上破坏屏幕画面。

④若有 NOWAIT 和 WINDOWS，系统将不等待用户按键，直接往下执行。

⑤若有 NOCLEAR，则不关闭提示窗口，直到用户执行下一条 WAIT 命令。

⑥用 TIMEOUT 来设定等待时间(秒数)。一旦超过就不再等待用户按键，自动往下执行。

例如：

WAIT "欢迎使用本系统！" WINDOWS

该命令的功能是在屏幕是上弹出一个窗口，显示"欢迎使用本系统！"，按任意键后窗口消失。

6.2.4　系统提示信息窗口 MESSAGEBOX( )

命令格式：MESSAGEBOX(< 提示信息 > [, < 对话框类型 > [, < 标题 >]])

功能：显示一个用户自定义的对话框。

说明：

①提示信息是此函数一定需要的字符型参数，对应提示窗口中显示的提示信息。

②对话框类型为一数值，确定依据是：图标类型值 + 默认按钮值 + 对话框按钮类型值。若无该项则默认为 0。

③标题用来指定信息提示窗口的标题文字。若无该项则默认标题为"Microsoft Visual FoxPro"。

图标类型值,默认按钮值和对话框按钮值可参考表 6-1、表 6-2 和表 6-3。

表 6-1　　　　　　　　　　数值与图标种类对照表

数　值	图　　标
16	"停止"图标
32	问题(?)标记
48	感叹(!)标记
64	信息(i)标记

表 6-2　　　　　　　　　数值与默认按钮种类对照表

数　值	默　认　按　钮
0	第一个按钮
256	第二个按钮
512	第三个按钮

表 6-3　　　　　　　　　数值与对话框按钮种类对照表

数　值	对 话 框 按 钮
0	确定按钮
1	"确定"和"取消"按钮
2	"放弃"、"重试"和"忽略"按钮
3	"是"、"否"和"取消"按钮
4	"是"和"否"按钮
5	"重试"和"取消"按钮

例如:

MESSAGEBOX('操作错误',32+2,'提示窗口')程序运行后,显示如图 6-2 所示的对话框。

又如 MESSAGEBOX('密码错误',16+5,'提示信息')程序运行后,显示如图 6-3 所示的对话框。

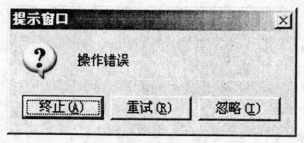

图 6-2　程序执行结果　　　　　　　　　　　图 6-3　程序执行结果

6.3 程序的基本控制结构

与其他高级语言相似,Visual FoxPro 6.0 程序也有三种基本的控制结构,即顺序结构、选择结构和循环结构。下面就分别介绍这三种结构及特点。

6.3.1 顺序结构

顺序结构是最简单的程序结构,它按照命令在程序中出现的先后次序依次执行。只有遇到分支结构、循环结构、过程函数等才会暂时改变执行的顺序。本章前面的例题的程序结构均为顺序结构。

例 6.2 编写程序文件 PROG2.PRG,解决鸡兔同笼问题。已知鸡兔总头数为 h,总脚数为 f,求鸡兔各有多少只。

```
SET TALK OFF
CLEAR
STORE 0 TO h,f
WAIT"输入的总脚数应该大于总头数的 2 倍且至少应该是偶数!"WINDOWS AT 18,20
INPUT "请输入总头数:" TO h
INPUT"请输入总脚数:"TO f
x = (4 * h-f)/2
y = (f-2 * h)/2
? "有鸡:" + ALLT(STR(x)) + "只"
? "有兔:" + ALLT(STR(y)) + "只"
SET TALK ON
RETURN
```

程序运行后,屏幕提示:

请输入总头数:16

请输入总脚数:40

输入总头数和总脚数以后按回车键,屏幕显示如下结果:

有鸡:12 只

有兔:4 只

6.3.2 分支结构

程序在运行时,一般情况下是按照语句的排列顺序逐条执行的。但有的时候,也需要根据判断条件是否满足而决定程序的走向,这就需要在程序中使用分支结构语句。分支结构语句是根据用户给定条件成立与否,来决定选择执行哪一个分支程序。

1. IF...ELSE...ENDIF 语句

语句格式:

IF <条件>

  <语句序列 1>

[ELSE

<语句序列2>]
　ENDIF
　功能注释:
　①有ELSE子句时,两组可供选择的代码分别是<语句序列1>和<语句序列2>。如果<条件>成立,则执行<语句序列1>;否则,执行<语句序列2>,然后转向ENDIF的下一条语句,如图6-4所示。
　②无ELSE子句时,可看做第二组代码不包含任何命令。如果<条件>成立,则执行<语句序列1>,然后转向ENDIF的下一条语句;否则直接转向ENDIF的下一条语句去执行,如图6-5所示。
　③IF和ENDIF必须成对出现,IF是本结构的入口,ENDIF是本结构的出口。
　④条件语句可以嵌套,但不能出现交叉。在嵌套时,为了使程序清晰、易于阅读,可按缩进格式书写。

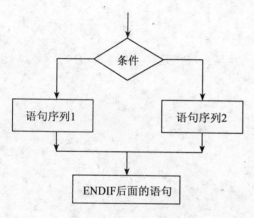

图 6-4 有 ELSE 的选择语句

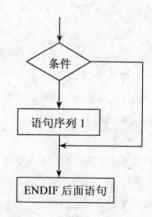

图 6-5 无 ELSE 的选择语句

　例6.3　编写程序文件PROG3.PRG,在学生表中查找某人,若有此人则显示该生基本情况,若无此人则显示"查无此人!"。
　SET TALK OFF
　CLEAR
　USE 学生表
　ACCEPT"请输入学生姓名:"TO name
　LOCATE FOR 姓名 = name
　IF .NOT. EOF( )
　　　DISPLAY
　ELSE
　　　?"查无此人!"
　ENDIF
　USE
　SET TALK ON
　程序运行后,屏幕提示:

请输入学生姓名:叶思思

输入学生姓名以后按回车键,屏幕显示如下结果:

记录号	学号	姓名	性别	出生日期	入学成绩	简历
8	0410010045	叶思思	.F.	04/08/85	565.0	Memo

例 6.4 编写程序文件 PROG4.PRG,判断输入的年份是否是闰年。

```
SET TALK OFF
CLEAR
INPUT"请输入一个年份:" TO year
IF year%4=0 AND year%100!=0 OR year%400=0
    ? STR(year,4)+"年是闰年!"
ELSE
    ? STR(year,4)+"年不是闰年!"
ENDIF
SET TALK ON
```

程序运行后,屏幕显示如下结果:

请输入一下年份:2006

2005 年不是闰年!

2. DO CASE...ENDCASE 语句

分支语句实现一种扩展的选择结构,它可以根据条件从多组代码中选择一组执行。

语句格式:

```
DO CASE
CASE <条件1>
    <语句序列1>
CASE <条件2>
    <语句序列2>
    ……
CASE <条件n>
    <语句序列n>
[OTHERWISE
    <语句序列>]
ENDCASE
```

语句执行时,依次判断 CASE 后面的条件是否成立。当发现 CASE 后面的条件成立时,就执行该 CASE 和下一个 CASE 之间的命令序列,然后执行 ENDCASE 后面的命令。如果所有的条件都不成立,则执行 OTHERWISE 与 ENDCASE 之间的命令序列,然后转向 ENDCASE 后面的语句。

功能注释:

①不管有几个 CASE 条件成立,只有最先成立的那个 CASE 条件的对应命令序列被执行。

②如果所有 CASE 条件都不成立,且没有 OTHERWISE 子句,则直接跳出本结构。

③DO CASE 和 ENDCASE 必须成对出现，DO CASE 是本结构的入口，ENDCASE 是本结构的出口，如图 6-6 所示。

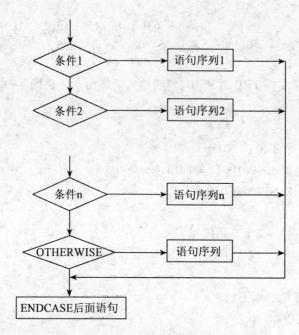

图 6-6　多分支选择

例 6.5　编写程序文件 PROG5.PRG，将输入的百分制的成绩转化成相应的等级（假设 score>=90 记为"A"；90>score>=80 记为"B"；80>score>=70 记为"C"；70>score>=60 记为"D"；60>score 记为"E"）。

SET TALK OFF
CLEAR
INPUT"请输入百分制成绩:" TO score
DO CASE
CASE score>=90
　　?"此成绩为 A"
CASE score>=80
　　?"此成绩为 B"
CASE score>=70
　　?"此成绩为 C"
CASE score>=60
　　?"此成绩为 D"
OTHERWISE
　　?"此成绩为 E"
ENDCASE
SET TALK ON
程序运行后，屏幕显示如下结果：

请输入百分制成绩:86
此成绩为 B

6.3.3 循环结构

在程序中,每一条顺序结构和分支结构的语句只能执行一次。然而在实际工作中,往往有许多任务,特别是数据处理工作中需要反复执行相同的操作,这就要求在程序中能够反复执行某段程序。为了满足实际工作的需要,Visual FoxPro 提供了循环结构语句。

循环结构在程序设计中的应用是相当普遍的,也是应用程序必不可少的。

1. DO WHILE...ENDDO

语句格式:
DO WHILE <条件>
　　<语句序列 1>
　　<LOOP>
　　<语句序列 2>
　　<EXIT>
　　<语句序列 3>
ENDDO

执行该语句时,先判断 DO WHILE 处的循环条件是否成立,如果条件为真,则执行 DO WHILE 与 ENDDO 之间的命令序列(循环体)。当执行到 ENDDO 时,返回到 DO WHILE,再次判断循环条件是否为真,以确定是否再次执行循环体。若条件为假,则结束该循环语句,执行 ENDDO 后面的语句。循环语句执行过程如图 6-7 所示。

功能注释:

①如果第一次判断条件时,条件即为假,则循环体一次都不执行。

②如果循环体包含 LOOP 命令,那么当遇到 LOOP 时,就结束循环体的本次执行,不再执行其后面的语句,而是转回 DO WHILE 处重新判断条件。

③如果循环体包含 EXIT 命令,那么当遇到 EXIT 时,就结束该语句的执行,转去执行 ENDDO 后面的语句。

④通常 LOOP 或 EXIT 出现在循环体内嵌套的选择语句中,根据条件来决定是 LOOP 回去,还是 EXIT 出去。包括 LOOP 或 EXIT 选项的循环语句执行过程如图 6-8 所示。

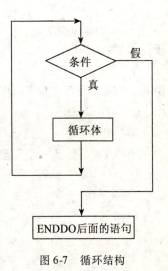

图 6-7 循环结构

例 6.6 编写程序文件 PROG6.PRG,逐条输出学生表里的女生记录。

```
SET TALK OFF
CLEAR
USE 学生表
LOCATE FOR 性别 = .F.
DO WHILE .NOT. EOF( )
    DISPLAY
```

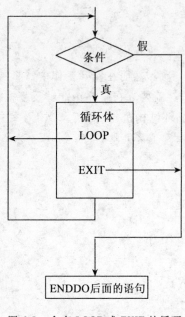

图6-8 含有 LOOP 或 EXIT 的循环

```
            WAIT
            CONTINUE
         ENDDO
         SET TALK ON
```
程序运行后,屏幕显示如下结果:

记录号	学号	姓名	性别	出生日期
1	0410010046	段茜	.F.	08/30/85

入学成绩　简历
524.0　Memo
按任意键继续…

记录号	学号	姓名	性别	出生日期
2	0410010043	李雪玲	.F.	02/16/86

入学成绩　简历
492.0　Memo
按任意键继续…

记录号	学号	姓名	性别	出生日期
4	0410030016	陈丽萍	.F.	10/15/86

入学成绩　简历
549.0　Memo
按任意键继续…

记录号	学号	姓名	性别	出生日期	入学成绩	简历
8	0410010045	叶思思	.F.	04/08/85	565.0	Memo

按任意键继续…

记录号	学号	姓名	性别	出生日期	入学成绩	简历
9	0410030007	张慧	.F.	10/12/86	464.0	Memo

按任意键继续…

例 6.7 编写程序文件 PROG7.PRG,计算一个正整数的阶乘。

```
SET TALK OFF
CLEAR
INPUT "请输入一个正整数:" TO num
IF num = 0
   fac = 1
ELSE
   fac = 1
   i = 1
   DO WHILE i <= num
      fac = fac * i
      i = i + 1
   ENDDO
ENDIF
? ALLT(STR(num)) + "的阶乘是:" + ALLT(STR(fac))
```

SET TALK ON

程序运行后,屏幕显示如下结果:

请输入一个正整数:10

10 的阶乘是:3628800

2. SCAN...ENDSCAN

该循环语句一般用于处理表中记录,语句可指明需处理的记录范围及应满足的条件。

语句格式:

SCAN[<范围>][FOR <条件 1>][WHILE <条件 2>]

  <循环体>

ENDSCAN

执行该语句时,记录指针自动、依次地在当前表的指定范围内满足条件的记录上移动,对每一条记录执行循环体内的命令。

功能注释:

① <范围> 的默认值是 ALL。

②EXIT 和 LOOP 命令同样可以出现在该循环语句的循环体内。

例 6.8 编写程序文件 PROG8.PRG,统计入学成绩在 500 分以上的学生人数。

CLEAR

OPEN DATABASE 学生成绩管理系统

USE 学生表

STORE 0 TO num

SCAN FOR 入学成绩 >500

  num = num + 1

ENDSCAN

?"入学成绩在 500 分以上学生人数为:" + ALLT(STR(num))

CLOSE DATABASE

RETURN

程序运行后,屏幕显示如下结果:

入学成绩在 500 分以上学生人数为:5

3. FOR...ENDFOR

该语句通常用于实现循环次数已知情况下的循环结构。

语句格式:

FOR <循环变量> = <初值> TO <终值> [STEP <步长>]

  <循环体>

ENDFOR|NEXT

执行该语句时,首先将初值赋给循环变量,然后判断循环条件是否成立(若步长为正值,循环条件为 <循环变量> <= <终值>;若步长为负值,循环条件为 <循环变量> >= <终值>)。若循环条件成立,则执行循环体,然后循环变量增加一个步长值,并再次判断循环条件是否成立,以确定是否再次执行循环体。若循环条件不成立,则结束该循环语句,执行 ENDFOR 后面的语句。

功能注释:

①<步长>的默认值为1。

②<初值>、<终值>和<步长>都可以是数值表达式,但这些表达式仅在循环语句执行开始时被计算一次。在循环语句的执行过程中,初值、终值和步长是不会改变的。

③可以在循环体内改变循环变量的值,但这会影响循环体的执行次数。

④EXIT和LOOP命令同样可以出现在该循环语句的循环体内。当执行到LOOP命令时,结束循环体的本次执行,然后循环变量增加一个步长值,并再次判断循环条件是否成立。

例6.9 编写程序文件PROG9.PRG,从随机输入的10个数中,找出其中的最大值和最小值。

```
SET TALK OFF
CLEAR
INPUT "请输入一个数:" TO n
STORE n TO ma,mi
FOR i = 2 TO 10
   INPUT "请输入一个数:" TO n
   IF ma < n
      ma = n
   ENDIF
   IF mi > n
      mi = n
   ENDIF
ENDFOR
? "最大值为:",ma
? "最小值为:",mi
SET TALK ON
RETURN
```

例6.10 编写程序文件PROG10.PRG,计算 S = 1! + 2! + 3! + ... + 10!。

```
SET TALK OFF
CLEAR
s = 0
FOR n = 1 TO 10
    t = 1
    FOR i = 1 TO n
        t = t * i
    ENDFOR
    s = s + t
ENDFOR
? "s = " + ALLT(STR(s))
SET TALK ON
RETURN
```

程序运行后,屏幕显示如下结果:

s = 4037913

6.3.4 编程举例

例 6.11 编写程序文件 PROG11.PRG,输出如下所示的图形。

```
        1
       222
      33333
     4444444
    555555555
   66666666666
```

SET TALK OFF

CLEAR

j = 1

DO WHILE j < = 6

? SPACE(10 - j) + REPLICATE(STR(j,1),2 * j - 1)

j = j + 1

ENDDO

SET TALK ON

例 6.12 编写程序文件 PROG12.PRG,输出如下所示的乘法口诀表。

1 * 1 = 1

1 * 2 = 2 2 * 2 = 4

1 * 3 = 3 2 * 3 = 6 3 * 3 = 9

1 * 4 = 4 2 * 4 = 8 3 * 4 = 12 4 * 4 = 16

1 * 5 = 5 2 * 5 = 10 3 * 5 = 15 4 * 5 = 20 5 * 5 = 25

1 * 6 = 6 2 * 6 = 12 3 * 6 = 18 4 * 6 = 24 5 * 6 = 30 6 * 6 = 36

1 * 7 = 7 2 * 7 = 14 3 * 7 = 21 4 * 7 = 28 5 * 7 = 35 6 * 7 = 42 7 * 7 = 49

1 * 8 = 8 2 * 8 = 16 3 * 8 = 24 4 * 8 = 32 5 * 8 = 40 6 * 8 = 48 7 * 8 = 56 8 * 8 = 64

1 * 9 = 9 2 * 8 = 18 3 * 9 = 27 4 * 9 = 36 5 * 9 = 45 6 * 9 = 54 7 * 9 = 63 8 * 9 = 72 9 * 9 = 81

SET TALK OFF

CLEAR

x = 1

DO WHILE x < = 9

　y = 1

　DO WHILE y < = x

　　s = x * y

　　?? STR(y,1) + " * " + STR(x,1) + " = " + STR(s,2) + " "

　　y = y + 1

　ENDDO

　?

　X = X + 1

ENDDO
SET TALK ON
RETURN

例6.13　编写程序文件PROG13.PRG,输出3~100之间的所有素数。
SET TALK OFF
CLEAR
FOR m = 3 TO 100 STEP 2
　n = INT(SQRT(m))
　FOR i = 3 TO n
　　IF MOD(m,i) = 0
　　　EXIT
　　ENDIF
　ENDFOR
　IF i > n
　　?? m
　ENDIF
ENDFOR

例6.14　编写程序文件PROG14.PRG,查询学生成绩情况。要求根据给定的学生姓名,找出并显示该生各门功课的成绩。
OPEN DATABASE 学生成绩管理系统
USE 学生表 IN 0
USE 成绩表 IN 1
DO WHILE .T.
　CLEAR
　ACCEPT"请输入学生姓名:"TO name
　SELECT 学生表.姓名,成绩表.课程名,成绩表.成绩;
　FROM 学生表,成绩表;
　WHERE 学生表.学号 = 成绩表.学号 AND 学生表.姓名 = name
　WAIT"继续查询(Y/N)" TO p
　IF UPPER(p) < >"Y"
　　USE
　　EXIT
　ENDIF
ENDDO
CLOSE DATABASE
程序运行后,输入待查学生姓名,屏幕显示结果如图6-9所示。

例6.15　编写程序文件PROG15.PRG,要求任意输入20个数,统计其中正数、负数和零的个数。
SET TALK OFF
CLEAR

姓名	课程名	成绩
蔡金鑫	简明中国古代史	86.0
蔡金鑫	基础写作	72.0
蔡金鑫	外国文学	79.0

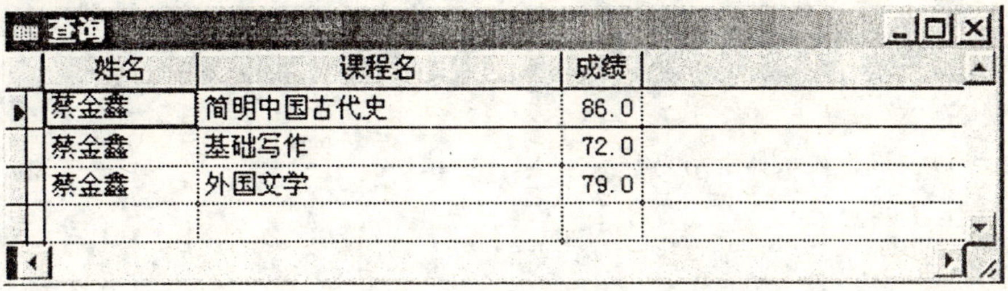

图 6-9

```
STORE 0 TO positive,negative,zero
FOR i=1 TO 20
  INPUT "请输入一个数:"TO n
  DO CASE
      CASE n>0
        positive = positive + 1
      CASE n=0
        zero = zero + 1
      CASE n<0
        negative = negative + 1
  ENDCASE
ENDFOR
? "正数个数为:",positive
? "负数个数为:",negative
? "零的个数为:",zero
SET TALK ON
```

例 6.16 编写程序文件 PROG16.PRG,修改成绩表,成绩小于 60 分的增加 10 分,大于等于 60 分的增加 5 分。

```
SET TALK OFF
CLEAR
OPEN DATABASE 学生成绩管理系统
USE 成绩表
DO WHILE .NOT. EOF()
  DO CASE
      CASE 成绩<60
        REPLACE 成绩 WITH 成绩+10
      CASE 成绩>=60
REPLACE 成绩 WITH 成绩+5
        ENDCASE
        SKIP
ENDDO
```

```
LIST
CLOSE DATABASE
SET TALK ON
RETURN
```
程序运行后,屏幕显示如下结果:

记录号	学号	课程名	成绩
1	0410040025	简明中国古代史	91.0
2	0410040025	基础写作	77.0
3	0410040025	外国文学	84.0
4	0410030007	新闻采访与写作	73.0
5	0410030007	传播学	89.0
6	041003007	新闻学概论	71.0
7	0410010046	宏观经济学	68.0
8	0410010046	经济预测方法	87.0
9	0410050023	刑法学	85.0
10	0410050023	法律逻辑学	91.0

6.4 过程与用户自定义函数

由于实际应用的复杂性,应用程序往往是庞大而复杂的,且程序头绪纷繁,不易阅读。为了便于程序的编写、阅读和修改,Visual FoxPro 与其他高级语言一样,支持结构化程序设计方法,允许将若干命令或语句组合在一起作为整体调用,这些可独立存在并可整体调用的命令语句组合称为过程。

6.4.1 过程

在程序设计中引入过程有如下好处:
● 可以把程序中不同位置重复出现的语句集中到一个过程中,在需要的地方调用,从而简化程序的编写。
● 可将一个大程序分解成小的、简单的程序模块,便于程序编写、调试、扩充和维护。

1. 外部过程

外部过程也叫子程序,和主程序一样以程序文件(.PRG)的形式单独存储在磁盘上。

(1)建立外部过程

建立外部过程与建立程序文件基本相同,一个重要的区别是:过程至少包含有一条返回语句 RETURN,以便将程序控制返回到主程序。

(2)过程的调用

过程是在程序中以命令方式被调用执行的。

命令格式1:DO <过程名> WITH <参数表>

选择 WITH <参数表> 用于在主程序与过程之间传递参数。

命令格式2:<文件名>()|<过程名>()

命令格式2既可以作为命令使用,也可以作为函数使用。<文件名>不能包含扩展名。

(3)返回语句

命令格式:RETURN[TO MASTER]

在执行完过程后,返回到调用该过程的上一级程序调用处的下一条语句继续执行程序。如果选择了 TO MASTER 子句,将从嵌套较深的过程中直接返回主程序调用处的下一条语句。

例6.17 分别建立如下程序文件,分析执行主程序 MAIN.PRG 的结果。

SET TALK OFF
?"正在执行主程序"
DO SUB1
?"从 SUB1 返回"
DO SUB2
?"从 SUB2 返回"
SET TALK ON

SUB1.PRG
?"正在执行 SUB1"
RETURN

SUB2.PRG
?"正在执行 SUB2"
RETURN

程序运行后,屏幕显示如下结果:

正在执行主程序

正在执行 SUB1

从 SUB1 返回

正在执行 SUB2

从 SUB2 返回

2. 内部过程

外部过程都是独立存储在磁盘上的程序文件,每调用一个外部过程就要打开一个磁盘文件,增加了系统处理时间,降低了程序运行速度,并增加了系统打开的文件数目,而系统能打开的文件数目总是有限的。解决上述问题的方法是,把多个过程组织在一个文件中,这个文件称为过程文件,或者把过程放在调用它的程序文件的末尾。这样在打开过程文件或程序文件的同时,所有过程都调入了内存,以后可以任意调用其中的过程,从而减少打开文件的数目和访问磁盘的次数。Visual FoxPro 为了识别过程文件或程序文件中的不同过程,规定过程文件或程序文件中的过程必须使用 PROCEDURE 语句说明。

语句格式:PROCEDURE <过程名>

  <命令序列>

 [RETURN[<表达式>]]

 [ENDPROC|ENDFUNC]

过程名必须以字母开头,可以包含字母、数字和下画线。

内部过程也是以 RETURN 语句终止。

内部过程文件的建立方法与程序文件相同,可以用 MODIFY COMMAND <过程文件名> 命令或调用其他文字编辑软件来建立。

过程文件的结构一般如下:

PROCEDURE <过程名 1>
　　<命令序列 1>
RETURN
PROCEDURE <过程名 2>
　　<命令序列 2>
RETURN
...
PROCEDURE <过程名 N>
　　<命令序列 N>
RETURN

每对 PROCEDURE 与 RETURN 之间的命令序列称为一个过程。过程名不能与过程文件名同名,同一过程文件中的过程不能同名,不同过程文件中过程可以同名。

(1)过程文件的调用

调用某过程文件中的过程时,必须先打开该过程文件。

格式:SET PROCEDURE TO <过程文件名>

任何时候系统只能打开一个过程文件,当打开一个新的过程文件时,原来已打开的过程文件自动关闭。

(2)过程文件的关闭

命令格式 1:SET PROCEDURE TO
命令格式 2:CLOSE PROCEDURE

过程文件打开后,其中的过程就可以被调用,调用方法与调用外部过程相同。过程文件虽然也是程序文件,扩展名也是.PRG,但是不能用 DO <过程文件名> 来执行一个过程文件,而只能用 DO <过程名> 命令调用其中的某个过程。

例 6.18 编写程序文件 PROG18.PRG,使用过程文件实现对学生表进行查询、删除和插入操作。

```
SET TALK OFF
CLEAR
OPEN DATABASE 学生成绩管理系统
SET PROCEDURE TO PROCE
USE 学生表
INDEX ON 姓名 TO XM
DO WHILE .T.
    CLEAR
    @1,2 SAY "学生成绩管理系统"
    @2,2 SAY "A:按姓名查询"
    @3,2 SAY "B:按记录号删除"
```

```
@4,2 SAY "C:插入新的记录"
@5,2 SAY "D:退出"
choise = "  "
@6,2 SAY "请选择 A、B、C、D:"GET choise
READ
DO CASE
    CASE choise = "A"
        DO PROCE1
    CASE choise = "B"
        DO PROCE2
    CASE choise = "C"
        DO PROCE3
    CASE choise = "D"
        EXIT
ENDCASE
ENDDO
SET PROCEDURE TO
CLOSE DATABASE
SET TALK ON
```

过程文件名为:PROCE.PRG,内容如下:

```
PROCEDURE PROCE1
CLEAR
ACCEPT"请输入姓名:"TO name
LOCATE FOR 姓名 = name
IF .NOT. EOF( )
    DISPLAY
ELSE
    ? "查无此人!"
ENDIF
WAIT
RETURN

PROCEDURE PROCE2
CLEAR
INPUT"请输入要删除的记录号:"TO no
GO no
DELETE
WAIT"是否物理删除 Y/N:"TO flag
IF flag = "Y" OR flag = "y"
```

```
        PACK
    ENDIF
    RETURN

PROCEDURE PROCE3
    CLEAR
    APPEND
    RETURN
```

程序运行后,屏幕提示:

学生成绩管理系统

A:按姓名查询

B:按记录号删除

C:插入新的记录

D:退出

请选择 A、B、C、D:

选择 A,输入待查学生姓名后,屏幕显示如下结果:

请输入姓名:鲁力

记录号	学号	姓名	性别	出生日期	入学成绩	简历
10	0410050028	鲁力	T.	11/25/86	498.0	Memo

按任意键继续...

3.过程调用中的参数传递

Visual FoxPro 中的过程可以分为有参过程和无参过程。前面例题中的过程均为无参过程。

(1)有参过程中的形式参数定义

命令格式:PARAMETERS <参数表>

该语句必须是过程中的第一条语句。<参数表>中的参数可以是任意合法的内存变量名。

(2)程序与被调用过程间的参数传递

程序与被调用过程间的参数传递是通过过程调用语句 DO <过程名> WITH <参数表> 中的 WITH <参数表> 子句来实现的。

DO 命令 <参数表> 中的参数称为实际参数,PARAMETERS 命令 <参数表> 中的参数称为形式参数。两个 <参数表> 中的参数必须相容,即个数相同,类型和位置一一对应。实际参数可以是任意合法的表达式,形式参数是过程中的局部变量,用来接收对应实际参数的值。Visual FoxPro 的参数传递规则为:如果实际参数是常数或表达式则传值;如果实际参数是变量则传址,即传递的不是实参变量的值而是实参变量的地址,这样,过程中对形参变量值的改变也使实参变量值改变;如果实参是内存变量而又希望进行值传递,则可以用圆括号将该内存变量括起来,强制将该变量以值方式传递数据。

例 6.19 编写程序文件 PROG19.PRG,使用参数传递,计算圆的面积。

```
SET TALK OFF
CLEAR
```

s = 0
INPUT "请输入圆的半径:" TO r
DO AREA WITH r,s
? "圆的面积为:" + ALLT(STR(s,12,4))
SET TALK ON

PROCEDURE AREA
PARAMETERS x,y
y = 3.14156 * x^2
RETURN

程序运行后,输入半径,屏幕显示如下结果:

请输入圆的半径:10

圆的面积为:314.1560

例6.20 编写程序文件 PROG20.PRG,区别参数传值与传址。

SET TALK OFF
CLEAR
x = 10
y = 10
DO PROCE1 WITH x,y + 5
? "x = " + ALLT(STR(x))
? "y = " + ALLT(STR(y))
SET TALK ON

PROCEDURE PROCE1
PARAMETERS x,y
x = x + 100
y = y + 100
RETURN

程序运行后,屏幕显示如下结果:

x = 110

y = 10

4. 过程的嵌套调用

Visual FoxPro 中允许一个过程调用第 2 个过程,第 2 个过程又可以调用第 3 个过程,依次类推,这种调用关系称为过程的嵌套调用,如图 6-10 所示。

其中每个过程都是使用 RETURN 语句返回调用处的下一条语句。

如果过程的返回语句为 RETURN TO MASTER ,则 C 执行完后,程序控制直接返回主程序中 DO <过程名> 的下一条语句,如图 6-11 所示。

5. 过程的递归调用

Visual FoxPro 允许递归调用,即某一过程直接或间接调用自己。若是直接调用自己称为直接递归;若是间接调用自己称为间接递归。

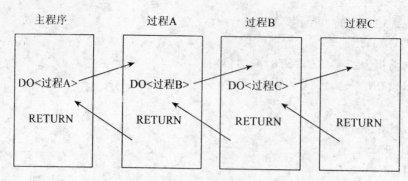

图 6-10　过程的嵌套调用示意图

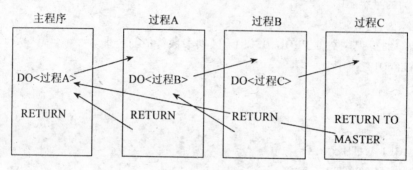

图 6-11　过程嵌套调用中直接返回主程序

6.4.2　用户自定义函数

Visual FoxPro 系统提供了丰富的内部函数,这些函数具有不同的功能,能够解决用户遇到的许多问题。但在实际应用中,可能需要一些解决特殊问题的函数。为此,Visual FoxPro 允许用户自定义函数。

自定义函数和过程一样,可以以独立的程序文件形式单独存储在磁盘上,也可以放在过程文件或直接放在程序文件中。自定义函数必须用 FUNCTION 语句说明,而且在返回命令 RETURN 中,必须返回一个值作为函数的值。

语句格式:FUNCTION <函数名>

功能注释:定义一个自定义函数,函数名的命名规则与过程的命名规则相同。

函数使用 RETURN <表达式> 语句返回一个值给函数的调用者。

自定义函数具有如下语法结构:

FUNCTION <函数名>
PARAMETER <参数表>
　<函数体命令序列>
RETURN <表达式>

自定义函数的调用语法与系统函数的调用语法相同。

例 6.21　编写程序文件 PROG21.PRG,使用自定义函数计算圆面积。

SET TALK ON

CLEAR
INPUT "请输入圆的半径:" TO r
? "圆的面积为:" + ALLT(STR(AREA(r),12,4))
SET TALK ON

FUNCTION AREA
PARAMETER x
RETURN(3.14156 * x^2)
程序运行后,屏幕显示如下结果:
请输入圆的半径:10
圆的面积为:314.1560

6.4.3 变量的作用域

内存变量的作用域是指在程序或过程调用中内存变量的有效范围。按作用域的不同,Visual FoxPro 中的内存变量可分为全局变量和局部变量。

1. 全局变量

全局变量是指在所有程序模块中都有效的内存变量,在命令窗口建立的或用 PUBLIC 定义的内存变量为全局变量。全局变量在程序或过程结束后不会自动释放,它只能用 RELEASE 命令释放。

命令格式:PUBLIC <内存变量表>

功能注释:定义<内存变量表>中的变量为全局变量。

说明:当定义多个变量时,各变量名之间用逗号隔开;用 PUBLIC 语句定义过的内存变量,在程序执行期间可以在任何层次的程序模块中使用;变量定义语句要放在使用此变量的语句之前,否则会出错;任何已经定义为全局变量的变量,可以用 PUBLIC 语句再定义,但不允许重新定义为局部变量;使用全局变量可以增强模块间的通信,但会降低模块间的独立性。

例 6.22 编写程序文件 PROG22.PRG,用全局变量代替参数传递,改写例 6.19 中求圆面积的程序。

SET TALK OFF
CLEAR
INPUT "请输入圆的半径:" TO r
DO AREA
? "圆的面积为:" + ALLT(STR(y,12,4))
SET TALK ON

PROCEDURE AREA
PUBLIC y
y = 3.14156 * r^2
RETURN
程序运行后,屏幕显示如下结果:
请输入圆的半径:10

圆的面积为:314.1560

2. 局部变量

局部变量是指在建立它的程序以及被此程序调用的程序中有效的内存变量。局部变量在建立它的过程结束后自动释放。

在程序中没有被说明为全局变量的内存变量都被看做是局部变量。局部变量也可以用 PRIVATE 说明。

命令格式 1:PRIVATE <内存变量表>

命令格式 2:PRIVATE ALL [LIKE|EXCEPT <通配符>]

功能注释:命令格式 1 定义<内存变量表>中的内存变量为局部变量;命令格式 2 定义一组内存变量为局部变量,有下列三种形式:

- ALL:全部内存变量
- ALL LIKE <通配符>:所有与通配符一致的内存变量
- ALL EXCEPT <通配符>:所有与通配符不一致的内存变量

用 PRIVATE 语句说明的内存变量,只能在本程序及其下属过程中使用,退出程序时,变量自动释放;用 PRIVATE 语句在过程中说明的局部变量,可以与上层调用程序出现的内存变量同名,但它们是不同的变量,在执行被调用过程期间,上层过程中的同名变量将被隐藏。

例 6.23 编写程序文件 PROG23.PRG,将例 6.22 作少许修改,分析程序运行结果。

SET TALK OFF
CLEAR
s = 0
INPUT "请输入圆的半径:" TO r
DO AREA
? "圆的面积为:" + ALLT(STR(y,12,4))
SET TALK ON

PROCEDURE AREA
PRIVATE y
y = 3.14156 * r^2
RETURN

程序运行后,屏幕显示如下结果:
请输入圆的半径:10
圆的面积为:0.0000

6.5 面向对象的程序设计

Visual FoxPro 作为新一代数据库管理系统,除了支持结构化程序设计方法之外,一个重要特征是支持面向对象的程序设计方法。面向对象技术概念的提出最初是面向对象的程序设计语言开始的,它的出现以 20 世纪 60 年代末的 Simula 语言为标志。随着 80 年代 Smalltalk 语言和环境的出现,掀起了面向对象研究的高潮。许多不支持面向对象技术的语言也逐步进行改进和增强,在新的版本中增加了面向对象技术。

6.5.1 面向对象程序设计的基本思想

面向对象程序设计将数据及对数据的操作放在一起,作为一个相互依存、不可分割的整体来处理,它将对象及对对象的操作抽象成对象属性和对象方法,这些对象的属性就是要处理的数据,而对象的方法就是对这些数据进行的操作,面向对象程序设计就是通过对对象属性和方法的设置,达到对对象操作的目的。

6.5.2 对象和类

在面向对象程序设计中,如何构造对象是程序设计的重点。与结构化程序设计方法不同,面向对象方法采用自上而下的程序设计方法,它一般要经过"具体—抽象—具体"三个阶段。首先从识别世界的实体出发,建立客观世界的概念模型,所建立的模型与客观世界的实体一一对应。模型往往是抽象的,它只规定"做什么",而"怎么做"还要通过创建对象来实现。使用面向对象程序设计方法,首先要掌握下面几个概念。

1. 对象(Object)

在现实世界中我们说"对象",可能意味着人、物体,甚至是不可见的,例如意识等。但是在 Visual FoxPro 中,对象是指将数据和操作过程结合在一起的数据结构。所有用户界面中的元素(表单、表格和文本框等)都是对象。另外,还有用于控制的、在运行时不可见的 Custom 类也是对象。对象拥有自己的属性、事件和方法。

2. 类(Class)

类是对象的抽象,它是定义对象的特征和描述对象的外观与行为的模板。把同一类对象的所有共性抽象出来就可形成一个类。类具有同一类对象的共同特征和行为信息,而对象是类的具体实现。实质上类就是可重用代码,使用类的目的主要是为了提高编程效率。在应用程序中使用类可以获得如下好处:

①隐藏不必要的复杂性;
②充分利用现有类的功能;
③代码重用;
④减少代码维护的难度。

3. 类与对象的区别和联系

类包含了对象的所有共同的特性,是对象的"模板"。对象是类的"实例",可以由一个类制作出多个对象。

类本身并不完成任何操作,它只是定义对象的属性及方法,而实际的操作则是由类所实例化的对象来完成的。因此面向对象编程时,程序不能直接使用类,必须将类实例化成对象,然后利用对象的功能来实现程序。

Visual FoxPro 中定义了一些基类,如表 6-4 所示。可以使用这些基类创建相应的对象,也可以以这些基类为基础创建自定义类。基类分为容器类和控件类两种类型,容器类创建的对象可以包含其他对象,而控件类创建的对象不能包含其他对象。

表 6-4　　　　　　　　　　　Visual FoxPro 的基类

基类名称	类型	功能
CheckBox	控件	创建复选框对象
ComboBox	控件	创建组合框对象
CommandGroup	容器	创建包含多个命令按钮的命令按钮组对象
CommandButton	控件	创建命令按钮对象
Container	容器	创建包含任意控件的容器对象
Control	控件	创建能包含其他被保护对象的控制对象,但是不能像容器对象那样允许访问被包含的对象
Custom	控件	创建自定义对象
EditBox	控件	创建编辑框对象
Form	容器	创建表单对象,能包含任意控件、容器或自定义对象
FormSet	容器	创建表单集对象,能包含表单和工具栏对象
Grid	容器	创建表格对象
Header	控件	创建表头对象
HyperLink	控件	创建超链接对象
Image	控件	创建图像对象
Label	控件	创建标签对象
Line	控件	创建线条对象
ListBox	控件	创建列表框对象
Optiongroup	容器	创建选项按钮组对象
OLEBoundControl	控件	创建 Activate 绑定型对象
OLEControl	控件	创建 Activate 容器型对象
Page	容器	创建页对象,能包含任意控件、容器和自定义对象
PageFrame	容器	创建页框对象,能包含 Page 类对象

在 Visual FoxPro 中,上面列出的基础类都是可视化类,它们被保存在扩展名为.vcx 的文件中,称为类库。用户自定义的类也需要保存在自己创建的类库文件中。

6.5.3 属性、事件和方法

从前面的介绍可以看出,对象的建立都是基于某个类、某个控件所创建的对象。在 Visual FoxPro 中,通过属性(Property)、方法(Method)和事件(Event)来具体描述一个对象。例如当使用 Form 控件建立一个表单对象时,该表单对象就包括 Form 控件所有的属性、事件及可使用的方法,例如"Caption"属性、"Click"事件和"Box"方法。通过修改对象的属性、事件和方法,可以对对象进行更深入的控制。

1. 属性

属性是描述对象特征或保存特定信息的特殊的"变量"。例如,对象的长、宽、标题、字体、字体大小等。在创建数据库应用系统时,对象的个别属性需要进行适当的设置,大部分属性只需使用它们的默认设置即可。

2. 事件

事件是可能会发生在对象上的特定动作。很多时候这个特定的动作就是用户对对象所做的操作,例如:单击对象、双击对象和拖动对象等。也有可能是系统对某个对象的操作,例如:初始化对象、释放对象等。当一个事件发生时,系统立即执行规定的响应事件代码,即"触发"了响应事件,触发响应由触发器完成。

为了使对象在某一事件发生时能够做出用户所需要的反应,就必须为这个事件编写相应的程序代码来实现特定的目标。为一个对象的某个事件编写代码后,应用程序运行时,一旦这一事件发生,便激活相应的代码,开始执行,如这一事件不发生,则这段代码就不会被执行。没有编写代码的事件,即使事件发生也不会有任何反应。表6-5中列出了主要事件。

表6-5　　　　　　　　　　　常用对象的事件

事　件	说　明	事　件	说　明
Load	当表单对象装入内存时触发	When	对象获得焦点前触发
Unload	当表单对象从内存中释放时触发	LostFocus	对象失去焦点时触发
Init	对象被建立时触发	Valid	对象失去焦点前触发
Destroy	对象被释放时触发	KeyPress	当用户在对象取得焦点后按任意键时触发
Click	在对象上按下鼠标左键时触发	InteractiveChange	对象的值被修改时触发
RightClick	在对象上按下鼠标右键时触发	ProgammaticChange	利用程序改变对象的值时触发
GotFocus	对象获得焦点时触发		

除了事件触发的时机,事件的执行顺序也是编写代码时要考虑的重要因素,例如要考虑几个事件触发了,以及这些事件触发的次序。

3. 方法

方法是由Visual FoxPro代码组成的,属于某一特定对象的,可以执行某一特定动作的特殊的"过程"或"函数"。"方法"与"事件"有相似之处,都可以完成某个任务。但是在不同程序中,同一个事件必须根据需要编写不同的代码,从而完成不同的任务。而方法通常是Visual FoxPro系统已经编写好的,无论在哪个程序中,任何时候调用都完成同一个任务。当然,如果需要,用户可以用自己的代码替代系统提供的方法代码。

Visual FoxPro提供了100多个内部方法供不同的对象调用。如果这些方法仍然不能满足要求,用户还可以建立新的方法。

6.5.4　创建对象

在Visual FoxPro中,创建对象的常用方法有以下两种:

①使用表单设计器创建命令按钮、文本框等可视化对象,具体方法在第9章表单设计中介绍。

②在程序中,可用CREATEOBJECT( )函数创建对象,格式如下:

CREATEOBJECT(<类名>,[,参数1,参数2,...])

其中,<类名>指定用于创建新对象的类或 OLE 对象,[,参数1,参数2,...]用于指定创建对象的参数值。Visual FoxPro 将这些参数传递给类的"Init"事件过程,当创建对象时执行"Init"事件代码进行对象初始化。

6.5.5 引用对象

在面向对象的程序设计中,经常需要改变对象的属性值或调用对象的方法、事件代码。由于涉及许多不同的对象,所以首先要指明需要对哪个对象操作,也就是所谓的引用对象。一般使用对象的"Name"属性引用该对象。

在引用对象时,还需要明确对象的层次关系,层次之间用"."分隔。例如,假设有表单对象 Form1,Container1,Label1,Text1,OptionGroup1,如图 6-12 所示。引用 Label1 对象的格式为:thisform.container1.label1,这是绝对引用方法,它是从最高层次的对象开始,逐层引用,直到所指定的对象。

另外还有一种相对引用方法,总是从当前对象开始的,并用关键字 This 引用当前对象,当前对象的上一层对象,称为父对象,使用关键字 Parent 引用父对象。还可以使用 This Form 关键字引用当前表单,用 This Form Set 引用当前表单集。例如,当前在 Container1 下引用表单对象 Form1 的方法为:this.parent;引用 text1 的方法为:this.text1。

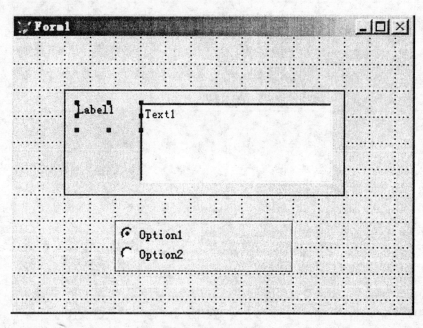

图 6-12 对象的引用

6.5.6 对象属性的设置、方法程序的调用

设置对象的属性值的格式如下:对象的引用.属性名=属性值

调用对象方法的格式如下:对象的引用.方法名

调用对象事件的格式如下:对象的引用.事件名

需要注意的是:在方法名或事件名的后面可以加上一对括号,在调用对象方法时如有参数传递,应将参数写在括号内。

例如,将表单中的标签的"Caption"属性设置为"上午":

thisform. container1. label1. caption = "上午"

另外,还可以使用可视化的方法,在表单设计器中修改对象的属性值,具体方法在第9章表单设计中介绍。

6.6 小结

本章重点介绍 Visual FoxPro DBMS 在程序设计中使用的三种基本结构:顺序、选择和循环、过程与用户自定义函数以及面向对象程序设计等方面的内容。本章是开发应用系统的基础。

本章内容要点:

(1)程序的建立、修改和执行方法;
(2)基本输入与输出命令;
(3)程序的三种控制结构;
(4)主程序、子程序、过程和自定义函数的概念和编写;
(5)内存变量作用域的定义命令;
(6)面向对象程序设计的基本概念。

6.7 习题

一、选择题

1. 在一个子程序中定义的内存变量,如果不希望影响上一级程序中的内存变量,只希望在本程序和下一级调用的子程序中使用,则该定义变量的命令是( )

　A. PRIVATE

　B. INT

　C. LOCAL

　D. PUBLIC

2. 在 DO WHILE … ENDDO 循环结构中,EXIT 命令的作用是( )

　A. 退出过程,返回上级调用程序

　B. 终止程序执行

　C. 终止循环,将控制转移到本循环结构 ENDDO 后面的第一条语句继续执行

　D. 退出 Visual FoxPro

3. 有关循环嵌套的叙述,正确的是( )

　A. 循环体内不能含有条件语句

　B. 循环语句不能嵌套在条件语句之中

　C. 嵌套只能一层,否则会导致程序错误

　D. 正确的嵌套中不能交叉

4. 有关 LOOP 语句和 EXIT 语句的叙述,正确的是( )

A. LOOP 和 EXIT 语句可以写在循环体的外面

B. LOOP 语句的作用是把控制转到 ENDDO 语句

C. EXIT 语句的作用是把控制转到 ENDDO 语句

D. LOOP 和 EXIT 语句一般写在循环结构里面嵌套的分支结构中

5. 有关自定义函数的叙述,正确的是(　　)

A. 自定义函数的调用与标准函数不一样,要用 DO 命令

B. 自定义函数的最后结束语句可以是 RETURN 或 RETRY

C. 自定义函数的 RETURN 语句必须送返一个值,这个值作为函数返回值

D. 调用时,自定义函数名后的括号中一定写上形式参数

6. 编写过程时,第一条语句是(　　)

A. PRIVATE

B. PROCEDURE

C. PARAMETERS

D. PUBLIC

7. 编写自定义函数时,第一条语句是(　　)

A. FUNCTION

B. PROCEDURE

C. PUBLIC

D. PARAMETERS

8. 可以接受数值型常量的输入命令是(　　)

A. WAIT

B. ACCEPT

C. INPUT

D. @ ... SAY

9. 下面程序的输出结果是(　　)

S1 = "计算机等级考试二级 "

S2 = "Visual FoxPro 考试"

STORE S1 + S2 TO S3

? S3 $ "二级 Visual FoxPro"

A. .T.

B. .F.

C. Visual FoxPro 考试

D. 计算机等级考试二级 Visual FoxPro 考试

10. 建立程序文件的命令是(　　)

A. CREATE PROGRAM

B. CREATE COMMAND

C. MODIFY COMMAND

D. CREATE PROCEDURE

11. 下列有关类和对象的叙述中,错误的是(　　)

A. 每个 Visual FoxPro 基类都有一套自己的属性、方法和事件

B. 当扩展某个基类创建用户自定义类时,该基类就是用户自定义类的父类

C. 继承是子类自动继承其父类的属性和方法

D. 类是对象的实例,对象是用户生成类的模板

12. 下列关于属性、方法和事件的叙述中,错误的是(　　)

A. 属性用于描述对象的状态,方法用于表示对象的行为

B. 基于同一个类产生的两个对象可以分别设置自己的属性值

C. 事件代码也可以像方法一样被显式调用

D. 在新建一个表单时,可以添加新的属性、方法和事件

13. 假定一个表单里有一个文本框 Text1 和一个命令按钮组 Command Group1,命令按钮组是一个容器对象,其中包含 Command1 和 Command2 两个命令按钮。如果要在 Command1 命令按钮的某个方法中访问文本框的 Value 属性值,下面式子中正确的是(　　)

A. this.thisform.text1.value

B. this.parent.parent.text1.value

C. parent.parent.text1.value

D. this.parent.text1.value

二、填空题

1. Visual FoxPro DBMS 中,局部内存变量使用_____命令定义。

写出 2~6 小题的程序运行结果。

2. SET TALK OFF
   CLEAR
   STORE 0 TO x,y
   DO WHILE x < 101
   　　x = x + 1
   　　IF MOD(x,3) = 0
   　　　LOOP
   　　ENDIF
   　　y = y + 1
   ENDDO
   ? "y = "
   ?? STR(y,2)
   SET TALK ON
   程序的运行结果为_____。

3. SET TALK OFF
   CLEAR
   ACCEPT "请输入一个字符串:" TO x
   i = 1
   s = ""
   DO WHILE i < = LEN(x)
   　　s = SUBSTR(x,i,1) + s
   　　i = i + 1

ENDDO
   ? "x = ",UPPER(x)
   ? "s = ",LOWER(s)
      SET TALK ON
   程序的运行结果为_____。

4. SET TALK OFF
   CLEAR
   x = 0
   DO WHILE .T.
      x = x + 1
      IF x = INT(x/3)*3
         ? x
      ELSE
         LOOP
      ENDIF
      IF x > 10
         EXIT
      ENDIF
   ENDDO
   SET TALK ON
   程序的运行结果为_____。

5. SET TALK OFF
   CLEAR
   STORE 0 TO x,y
   DO WHILE .T.
      x = x + 1
      y = y + x
      IF x > =5
         EXIT
      ENDIF
   ENDDO
   ? x,y
   SET TALK ON
   程序的运行结果为_____。

6. SET TALK OFF
   CLEAR
   DIMENSION A(7)
   i = 1
   DO WHILE i< =7
      A(i) =3*i+1

        i = i + 1
ENDDO
? A(A(1) +1) , A(A(3) -5) -1
SET TALK ON
程序的运行结果为_____。

第7章 SQL 查询语言

7.1 SQL 查询语言概述

结构化查询语言(Structured Query Language,SQL)是访问数据库的标准语言。通过 SQL 可以完成复杂的数据库操作,而不用考虑如何操作物理数据库的底层细节。同时,SQL 语言是一个非常优化的语言,它用专门的数据库技术和数学算法来提高对数据库访问的速度,因此,通常使用 SQL 语言比自己编写过程来访问和操作数据库要快得多。今天,流行的数据库管理系统都支持并使用美国国家标准局制定的标准 SQL 语言(ANSI SQL)。学习 SQL 语言是学习数据库最基础而又极其重要的内容,也是学习数据库必须的内容。

SQL 语言之所以能够为用户和业界所接受从而成为国际标准,是因为它是一个综合的、通用的、功能极强同时又简洁易学的语言。SQL 语言集数据查询(Data Query)、数据操纵(Data Manipulation)、数据定义(Data Definition)和数据控制(Data Control)功能于一体,充分体现了关系数据语言的特点和优点,其主要特点包括:

1. 综合统一

SQL 语言集数据定义语言 DDL、数据操纵语言 DML、数据控制语言 DCL 的功能于一体,语言风格统一,可以独立完成数据库生命周期中的全部活动,包括定义关系模式、录入数据以建立数据库、查询、更新、维护、数据库重构、数据库安全性控制等一系列操作要求,这就为数据库应用系统开发提供了良好的环境。例如用户在数据库投入运行后,还可根据需要随时地逐步地修改模式,并不影响数据库的运行,从而使系统具有良好的可扩充性。

2. 高度非过程化

非关系数据模型的数据操纵语言是面向过程的语言,用其完成某项请求,必须指定存取路径。而用 SQL 语言进行数据操作,用户只需提出"做什么",而不必指明"怎么做",因此用户无需了解存取路径,存取路径的选择以及 SQL 语句的操作过程由系统自动完成。这不但大大减轻了用户负担,而且有利于提高数据独立性。

3. 面向集合的操作方式

SQL 语言采用集合操作方式,不仅查找结果可以是元组的集合,而且一次插入、删除、更新操作的对象也可以是元组的集合。

非关系数据模型采用的是面向记录的操作方式,任何一个操作其对象都是一条记录。例如查询所有平均成绩在 80 分以上的学生姓名,用户必须说明完成该请求的具体处理过程,即如何用循环结构按照某条路径一条一条地把满足条件的学生记录读出来。

4. 以同一种语法结构提供两种使用方式

SQL 语言既是自含式语言,又是嵌入式语言。作为自含式语言,它能够独立地用于联机交互的使用方式,用户可以在终端键盘上直接键入 SQL 命令对数据库进行操作。作为嵌入式语言,SQL语句能够嵌入到高级语言(例如C、COBOL、FORTRAN、PL/1)程序中,供程序员设计程序时使用。而在两种不同的使用方式下,SQL语言的语法结构基本上是一致的。这种以统一的语法结构提供两种不同的使用方式的作法,为用户提供了极大的灵活性与方便性。

5. 语言简洁,易学易用

SQL语言功能极强,但由于设计巧妙,语言十分简洁,完成数据定义、数据操纵、数据控制的核心功能只用了九个动词:CREATE、DROP、SELECT、INSERT、UPDATE、DELETE、GRANT、REVOKE,如表7-1所示。而且SQL语言语法简单,接近英语口语,因此容易学习,容易使用。

表7-1 SQL语言的动词

SQL功能	动词
数据查询	SELECT
数据定义	CREATE,DROP,ALTER
数据操纵	INSERT,UPDATE,DELETE
数据控制	GRANT,REVOKE

7.2 SQL查询

SQL Select命令是自FoxPro 2.5以来实现的结构化查询语言SQL。一条合理的SQL Select命令对于数据的查询速度要远远快于FoxPro的过程性代码。ANSI/ISO标准定义了SQL Select各子句的实现方式,因此FoxPro中写的SQL查询可以方便地移植到其他平台。自FoxPro 2.5以来,FoxPro的内嵌式SQL Select命令的功能一直在增强。下面是SELECT语句的格式:

SELECT [ALL | DISTINCT]
　　　[Alias.] Select_Item [AS Column_Name][, [Alias.] Select_Item [AS Column_Name]...]
FROM [DatabaseName!] Table [[AS] Local_Alias]
　　[[INNER | LEFT [OUTER] | RIGHT [OUTER] | FULL [OUTER] JOIN DatabaseName!] Table [[AS] Local_Alias] [ON JoinCondition ...]
　　[[INTO Destination] | [TO FILE FileName [ADDITIVE] | TO PRINTER [PROMPT] | TO SCREEN]]
　　[PREFERENCE PreferenceName] [NOCONSOLE] [PLAIN] [NOWAIT]
　　[WHERE JoinCondition [AND JoinCondition ...] [AND | OR FilterCondition ...]]
　　[GROUP BY GroupColumn [, GroupColumn ...]]
　　[HAVING FilterCondition]
　　[UNION [ALL] SELECTCommand]
　　[ORDER BY Order_Item [ASC | DESC] [, Order_Item [ASC | DESC] ...]]

在SELECT语句中,SELECT和FROM子句是不可缺少的,它们表示"从什么表中检索哪几个字段"。如果对查询还有其他的要求,就必须使用其他子句来对查询进行定义。

各子句的主要功能如表7-2所示。

表 7-2　　　　主要子句功能描述

子　句	说　明
SELECT	指示 Microsoft Jet 数据库引擎返回数据库中的信息，此时将数据库看作记录的集合
FROM	指定被查询的表或另外一个查询，该表或查询包含 SELECT 语句中列举的字段
WHERE	指定约束条件，以限制在 FROM 子句列举的表中指定 SELECT, UPDATE 或 DELETE 语句所影响的记录
GROUP BY	将记录与指定字段中的相等值组合成单一记录。如果 SELECT 语句包含 SQL 合计函数，比如 Sum 或 Count，则每一笔记录都给出一个总计值
HAVING	在 SELECT 语句中显示已用 GROUP BY 子句分组的记录。在 GROUP BY 组合这些记录后，HAVING 将显示那些经 GROUP BY 子句分组并满足 HAVING 子句中条件的记录
UNION	把一个 SELECT 语句的最后查询结果同另一个 SELECT 语句最后查询结果组合起来
ORDER BY	按照递增或递减顺序在指定字段中对查询的记录进行排序

7.2.1　简单查询

我们先来看一个简单的 SELECT 查询：

SELECT ＊ FROM Table_name

其中，"＊"指出欲选定的字段列表，Table_name 为包含查询数据的表名称。

例 7.1　查询"Student"表中的所有记录。

可以采用下面的 SQL 语句：

SELECT ＊ FROM Student

结果如图 7-1 所示。

Student

学号	姓名	性别	出生日期	入学成绩	简历
0410010046	段茜	F	08/30/85	524.0	Memo
0410010043	李雪玲	F	02/16/86	492.0	Memo
0410030011	周洁华	T	01/27/86	516.0	Memo
0410030016	陈丽萍	F	10/15/86	549.0	Memo
0410010058	雷火亮	T	08/01/84	470.0	Memo
0410050023	黄称心	T	10/24/84	602.0	Memo
0410040025	蔡金鑫	T	01/16/86	490.0	Memo
0410010045	叶思思	F	04/08/85	565.0	Memo
0410030007	张慧	F	10/12/86	464.0	Memo
0410050028	鲁力	T	11/25/86	498.0	Memo

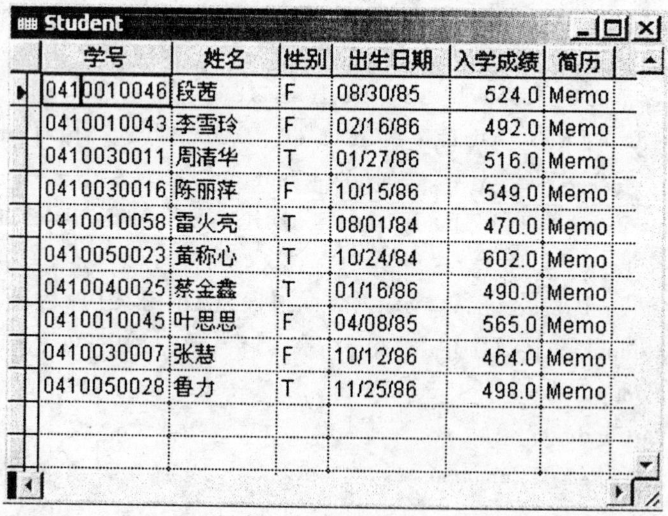

图 7-1　采用 SQL-Select 简单查询 Student. dbf 表中的所有记录

7.2.2 满足条件的简单查询

满足条件的简单查询是指满足某种条件的简单的 SELECT 查询,格式如下:
SELECT * FROM Table_name WHERE 条件表达式
WHERE 常用的查询条件如表 7-3 所示。

表 7-3　　　　　　　　　　　常用的查询条件

查询条件	谓　　词
比较	=,>,<,>=,<=,!=,<>,!>,!< NOT + 上述比较运算符
确定范围	BETWEEN AND,NOT BETWEEN AND
确定集合	IN,NOT IN
字符匹配	LIKE,NOT LIKE
空值	IS NULL,IS NOT NULL
多重条件	AND,OR

例 7.2　查询"Student"表中的学号 = "0410010043"的同学姓名。
可以采用下面的 SQL 语句:
SELECT 学号,姓名 FROM Student WHERE 学号 = "0410010043"
结果如图 7-2 所示。

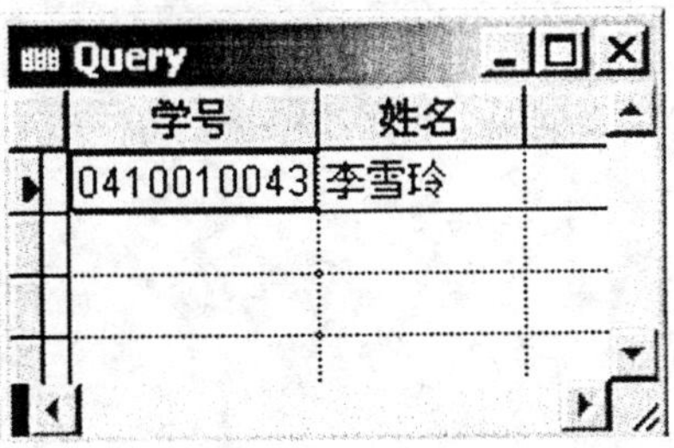

图 7-2　采用 SQL-Select 简单查询

7.2.3 排序查询

用户可以用 ORDER BY 子句,对查询结果按照一列或多列的升序 ASCENDING 或降序 DESCENDING 进行排序。

例 7.3　从"Student"表中查询出所有同学的入学成绩,并以降序排列。
可以采用下面的 SQL 语句:
SELECT * FROM Student ORDER BY 入学成绩 DESCENDING
结果如图 7-3 所示。

7.2.4 计算查询

计算查询是指采用 SQL-SELECT 查询,同时采用 SQL 统计函数联合使用,表 7-4 列出了常用的统计函数以及它们的功能。

Visual FoxPro程序设计

学号	姓名	性别	出生日期	入学成绩	简历
0410050023	黄称心	T	10/24/84	602.0	Memo
0410010045	叶思思	F	04/08/85	565.0	Memo
0410030016	陈丽萍	F	10/15/86	549.0	Memo
0410010046	段茜	F	08/30/85	524.0	Memo
0410030011	周渚华	T	01/27/86	516.0	Memo
0410050028	鲁力	T	11/25/86	498.0	Memo
0410010043	李雪玲	F	02/16/86	492.0	Memo
0410040025	蔡金鑫	T	01/16/86	490.0	Memo
0410010058	雷火亮	T	08/01/84	470.0	Memo
0410030007	张慧	T	10/12/86	464.0	Memo

图 7-3　采用 SQL-Select 查询排序

表 7-4　　　　　　　　　　**SQL 统计函数**

函　　数	功　　能
AVG（＜字段表达式＞）	求指定字段的平均值
COUNT（＜字段表达式＞）	对指定字段进行计数
MAX（＜字段表达式＞）	求指定字段的最大值
MIN（＜字段表达式＞）	求指定字段的最小值
SUM（＜字段表达式＞）	对指定字段求和

例 7.4　从"Student"表中查询统计所有同学的入学的平均成绩。

可以采用下面的 SQL 语句：

SELECT AVG(入学成绩) AS 入学平均成绩 FROM Student

结果如图 7-4 所示。

例 7.5　从"Student"表中查询统计所有同学的入学成绩最高分。

可以采用下面的 SQL 语句：

SELECT MAX(入学成绩) AS 入学最高总分 FROM Student

结果如图 7-5 所示。

7.2.5　联接查询

在使用多表查询时，使用 INNER JOIN 子句来连接两个表中的字段，根据需要的不同，还可能用到 LEFT JOIN 和 RIGHT JOIN 子句。这三个子句的语法为：

INNER/LEET/RIGHT JOIN ［DatabaseName！］table2

ON table1．field1 compopr table2．field2

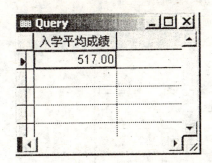

图 7-4 采用 SQL-Select 统计查询平均成绩　　图 7-5 采用 SQL-Select 统计查询入学最高总分

其中,table2、table1 是两个表的名称;field1、field2 是两个表关系中的连接字段;compopr 是两个连接字段之间的逻辑比较。

表的联接一般都使用它们共有的数据。

1. INNER JOIN 内部联接

一个联接,在该联接中只有当联接字段的值满足某些特定的准则时才将两个表的记录进行结合并添加到一个查询结果中。例如,在查询设计器视图中,表之间的缺省联接是一个内部联接,它只有当联接字段的值相等时才从两个表中选择记录。

2. OUTER JOIN 外部联接

一个联接,该联接还包括那些和联接表中记录不相关的记录。可以创建一个外部联接的三种变形来指定所包括的不匹配行:左外部联接、右外部联接和完全外部联接。

(1)左外部联接(LEFT OUTER JOIN)

一种外部联接类型,在该联接中包括第一个命名表(左边的表,它出现在 JOIN 子句的最左边)的所有行。右边表中没有匹配的行不出现。

(2)右外部联接(RIGHT OUTER JOIN)

一种外部联接类型,在该联接中包括第二个命名表(右边的表,它出现在 JOIN 子句中的最右边)的所有行。不包括左边表中没有匹配的行。

所以我们很容易记住:

①左联接:就是以 join 的左边那个表为"主",以"Student.学号 = Grade.学号"为判断标准,不管右边的表有没有对应的记录,都要把左边表的记录放在结果中去,但右边表没有相应的记录,那应该放个什么数值进去? 答案是就放个 Null,表示没有。在左联接中,某记录在右边表,却不在左边表,那是不放结果进去的,原因是左边表才是"主",要不要放由它决定:它有的,就一定放进去;它没有的,就不要了。

②右联接:和左联接一样,只不过为"主"的一方调过来了,换成是由右边做"主"。

③内联接:和左、右联接不同,它一定要左、右两边都有的记录才会放进结果,如果有某个记录不存在于任何一边,那这个记录是不会出现在结果中去的。

④外联接:跟内联接相反,相当于左、右联接的合并。不管什么情况,只要某记录出现在这两个表中,就一定会出现在结果中去,然后像左、右联接的处理方法一样,用 Null 来填充没有对应值的字段。

例 7.6 从"Student"表中查询出所有同学所选的课程及成绩。

可以采用下面的 SQL 语句:

SELECT Grade.学号,Student.姓名,Grade.课程名,Grade.成绩;
　　　　FROM Student INNER JOIN Grade ON Student.学号 = Grade.学号
结果如图7-6所示。

图 7-6　采用 SQL-Select 联接查询

7.2.6　分组查询

分组查询其实就是使用 GROUP BY 子句,该子句的格式为:
GROUP BY table.field
它的功能是将记录按照 table.field 指定的字段分组并将每组合成一条记录。如果 SELECT 语句包含 SQL 合计函数,比如 Sum 或 Count,则每一组记录都会给出一个汇总值。

例 7.7　从 Student 和 Grade 表中以学生的学号分组查询出所有选课同学的平均成绩。
可以采用下面的 SQL 语句:
SELECT Student.学号,Student.姓名,COUNT(Grade.学号) AS 选课门数,AVG(Grade.成绩) AS 平均分;
FROM Grade INNER JOIN Student ON Grade.学号 = Student.学号;
GROUP BY Student.学号
结果如图7-7所示。

在某些情况下,可能希望在使用整体分组条件前(使用 HAVING 子句)从组中排除个别行(使用 WHERE 子句)。

同 WHERE 子句类似,但只能用于整体分组(即用于在结果集中表示分组的行),而 WHERE 子句用于单独的列。查询可同时包含 WHERE 子句和 HAVING 子句。

WHERE 子句首先应用在输入源中的单独行中,只对符合 WHERE 子句条件的行进行分组。

HAVING 子句然后应用于分组产生的结果集中的行,用于对行的操作。只有符合 HAVING 子句条件的组才出现在查询输出中。只能将 HAVING 子句应用于也出现在 GROUP BY 子句或合计函数中的列。

例 7.8　将学生信息表和成绩表连结以创建一个查询,显示一组学生的平均成绩。我们只希望查看某些学生的平均成绩,比如男生的平均成绩,甚至仅查看超过 70 分的平均成绩。

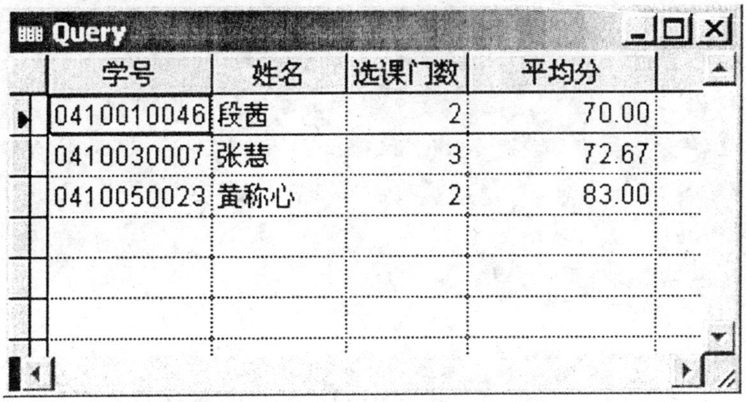

图 7-7 采用 SQL-Select 分组查询

我们可以在计算平均成绩之前,通过包含一个 WHERE 子句建立第一个条件,该条件将女生的记录排除在外。第二个条件需要一个 HAVING 子句,因为条件是基于分组结果和汇总数据的。最终的 SQL 语句如下所示:

SELECT Student.学号,Student.姓名,AVG(grade.成绩) AS 平均分;
　　　　FROM student INNER JOIN grade ON Grade.学号 = Student.学号;
WHERE Student.性别 = .T. ;
GROUP BY Student.学号;
HAVING AVG(grade.成绩) >= 70;
ORDER BY Student.学号

结果如图 7-8 所示。

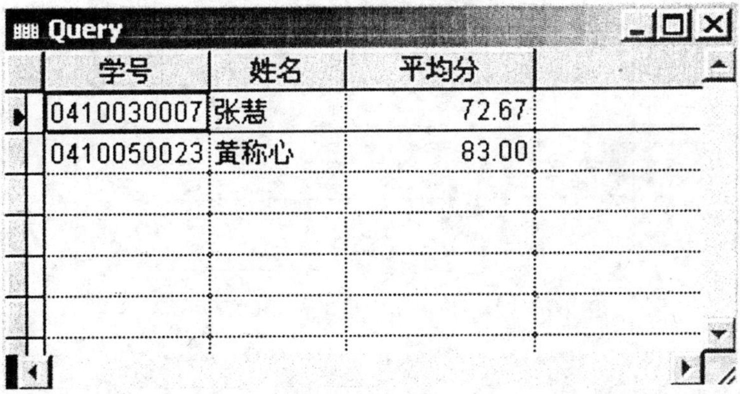

图 7-8 采用 SQL-Select 条件分组查询

7.3 数据定义

SQL 语言除了进行查询外,还能进行数据定义,如表格创建、表结构的设计与维护等。

1. 建表格

在 Visual FoxPro 中,表的创建方法有采用命令 Creat 方式、菜单创建的方式,而 SQL 创建的方式是最简单的。

CREATE TABLE 表名(字段1 字段类型（长度）[,字段2 字段类型（长度）]...)

例 7.9 采用 SQL 语言创建学生表 Student.dbf、课程表 Class.dbf 和成绩表 Grade.dbf。

CREATE TABLE Student(学号 C(10),姓名 C(8),性别 L(1),出生日期 D(8),入学成绩 N(5,1),简历 M(4))

创建的 Student.dbf 结果如图 7-9 所示。

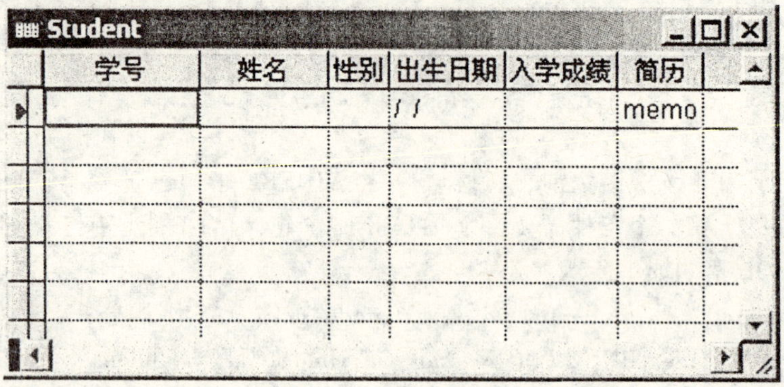

图 7-9 采用 SQL 语言创建的 Student.dbf 表格

CREATE TABLE Class(课程号 C(4),课程名 C(20),学时 N(3,0),学分 N(3))

创建的 Class.dbf 结果如图 7-10 所示。

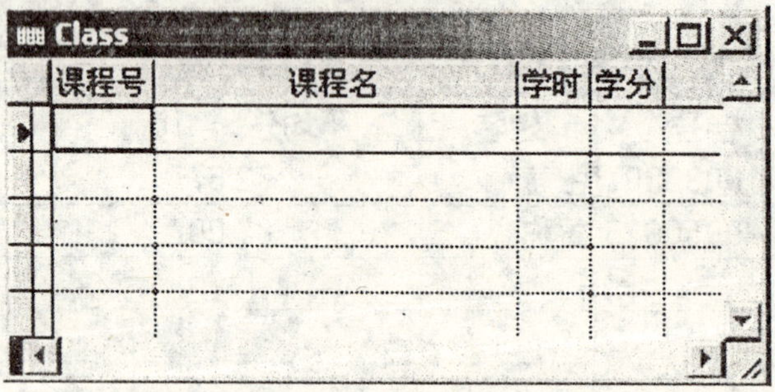

图 7-10 采用 SQL 语言创建的 Class.dbf 表格

CREATE TABLE Grade(学号 C(10),课程名 C(4),成绩 N(5,1))

创建的 Grade.dbf 结果如图 7-11 所示。

2. 更改表格

为表格增加字段:ALTER TABLE 表名 ADD 字段1 字段类型（长度）[,字段2 字段类型（长度）]...

为表格删除字段:ALTER TABLE 表名 DROP 字段1 [,字段2]...

为表格修改字段:ALTER TABLE 表名 ALTER 字段1 字段类型（长度）[,字段2 字段类

图 7-11　采用 SQL 语言创建的 Grade.dbf 表格

型(长度)]…

例 7.10　采用 SQL 语言修改学生表 Student.dbf,增加 Email 字段、删除 Email 字段。

ALTER TABLE Student ADD Email C(10)

增加 Email 字段的 Student.dbf 结果如图 7-12 所示。

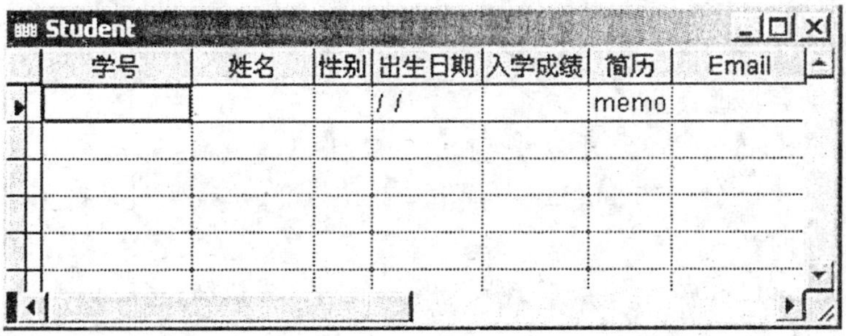

图 7-12　采用 SQL 语言增加 Email 字段的 Student.dbf 表格

ALTER TABLE Student DROP Email

删除 Email 字段的 Student.dbf 结果如图 7-13 所示。

图 7-13　采用 SQL 语言删除 Email 字段的 Student.dbf 表格

7.4 数据操作

数据定义好之后接下来的就是数据的操作。数据操作不外乎增加数据(Insert)、更新数据(Update)、删除数据(Delete)。

1. 增加数据

INSERT INTO table_name (column1,column2,...) VALUES (value1,value2,...)

说明:①若没有指定 column,系统则会按表格内的栏位顺序填入数据。

②栏位的数据形态和所填入的数据必须吻合。

③table_name 也可以是视图 view_name。

例 7.11 采用 SQL 语言增加学生表 Student.dbf 中的数据。

INSERT INTO Student(学号,姓名,性别,出生日期,入学成绩,简历);
   VALUES("0410010046","段茜",.F.,{^1985-8-30},524.0,"2004 年进入湖北大学知行学院工商管理专业")

INSERT INTO Student(学号,姓名,性别,出生日期,入学成绩,简历);
   VALUES("0410010043","李雪玲",.F.,{^1986-2-16},492.0,"2004 年进入湖北大学知行学院工商管理专业")

INSERT INTO Student(学号,姓名,性别,出生日期,入学成绩,简历);
   VALUES("0410030011","周清华",.T.,{^1986-1-27},516.0,"2004 年进入湖北大学知行学院新闻专业")

INSERT INTO Student(学号,姓名,性别,出生日期,入学成绩,简历);
   VALUES("0410030016","陈丽萍",.F.,{^1986-10-15},549.0,"2004 年进入湖北大学知行学院新闻专业")

后面的记录都按以上的方式增加到 Student.dbf 中,结果如图 7-14 所示。

学号	姓名	性别	出生日期	入学成绩	简历
0410010046	段茜	F	08/30/85	524.0	Memo
0410010043	李雪玲	F	02/16/86	492.0	Memo
0410030011	周清华	T	01/27/86	516.0	Memo
0410030016	陈丽萍	F	10/15/86	549.0	Memo
0410010058	雷火亮	T	08/01/84	470.0	Memo
0410050023	黄称心	T	10/24/84	602.0	Memo
0410040025	蔡金鑫	T	01/16/86	490.0	Memo
0410010045	叶思思	F	04/08/85	565.0	Memo
0410030007	张慧	F	10/12/86	464.0	Memo
0410050028	鲁力	T	11/25/86	498.0	Memo

图 7-14 采用 SQL 语言增加数据 Student.dbf 表格

2. 更改数据

UPDATE table_name SET column1 = 'xxx' where conditions

说明:①更改某个栏位设定其值为'xxx'。

②conditions 是所有符合的条件,若没有 where 则整个 table 的那个栏位都会全部被更新。

例 7.12　采用 SQL 语言更新学生表 Student.dbf 中学号 = "0410050028"的姓名为"鲁为"。

UPDATE Student SET 姓名 = "鲁为" where 学号 = "0410050028"

更新的结果如图 7-15 所示。

图 7-15　采用 SQL 语言更新 Student.dbf 表格

3. 删除数据

DELETE FROM table_name where conditions

说明:删除符合条件的数据。

例 7.13　采用 SQL 语言删除学生表 Student.dbf 中学号 = "0410050028"的记录。

DELETE FROM Student where 学号 = "0410050028"

删除的结果如图 7-16 所示,学号 = "0410050028"的记录被打上删除标记。

图 7-16　采用 SQL 语言更新 Student.dbf 表格

7.5 小结

在本章中,介绍了关于SQL语言的格式与用法,如简单select查询、满足条件的select查询、排序查询、计算查询、连接查询、分组查询等,同时分析了SQL语言中的数据定义与相关的数据操作。通过学习这一章,读者能熟练掌握怎样进行SQL语言的一些基本操作:简单select查询、满足条件的select查询、排序查询、计算查询、连接查询、分组查询等,SQL数据定义与SQL数据操作。

7.6 习题

一、选择题

1.假设当前盘当前目录下有数据库db_stock,其中有数据库表stock.dbf,该数据库表的内容是:

股票代码	股票名称	单价	交易所
600600	青岛啤酒	7.48	上海
600601	方正科技	15.20	上海
600602	广电电子	10.40	上海
600603	兴业房产	12.76	上海
600604	二纺机	9.96	上海
600605	轻工机械	14.59	上海
000001	深发展	7.48	深圳
000002	深万科	12.50	深圳

(1) 有如下SQL语句

SELECT * FROM stock INTO DBF stock ORDER BY 单价

执行该语句后(   )

A. 系统会提示出错信息

B. 会生成一个按"单价"升序排序的表文件,将原来的stock.dbf文件覆盖

C. 会生成一个按"单价"降序排序的表文件,将原来的stock.dbf文件覆盖

D. 不会生成排序文件,只在屏幕上显示一个按"单价"升序排序的结果

(2) 有如下SQL SELECT语句

SELECT * FROM stock WHERE 单价 BETWEEN 12.76 AND 15.20

与该语句等价的是(   )

A. SELECT * FROM stock WHERE 单价<=15.20.AND.单价>=12.76

B. SELECT * FROM stock WHERE 单价<15.20.AND.单价>12.76

C. SELECT * FROM stock WHERE 单价>=15.20.AND.单价<=12.76

D. SELECT * FROM stock WHERE 单价>15.20.AND.单价<12.76

(3) 有如下SQL语句

SELECT max(单价) INTO ARRAY a FROM stock

执行该语句后(   )

A. a[1]的内容为 15.20   B. a[1]的内容为 6
C. a[0]的内容为 15.20   D. a[0]的内容为 6

(4) 有如下 SQL 语句
SELECT 股票代码,avg(单价) as 均价 FROM stock；
GROUP BY 交易所 INTO DBF temp
执行该语句后,temp 表中第二条记录的"均价"字段的内容是(　　)
A. 7.48   B. 9.99   C. 11.73   D. 15.20

(5) 将 stock 表的股票名称字段的宽度由 8 改为 10,应使用 SQL 语句(　　)
A. ALTER TABLE stock 股票名称 WITH c(10)
B. ALTER TABLE stock 股票名称 c(10)
C. ALTER TABLE stock ALTER 股票名称 c(10)
D. ALTER stock ALTER 股票名称 c(10)

(6) 执行如下 SQL 语句后
SELECT DISTINCT 单价 FROM stock；
WHERE 单价 = (SELECT min(单价)FROM stock) INTO DBF stock_x
表 stock_x 中的记录个数是(　　)
A. 1   B. 2   C. 3   D. 4

(7) 求每个交易所的平均单价的 SQL 语句是(　　)
A. SELECT 交易所,avg(单价)FROM stock GROUP BY 单价
B. SELECT 交易所,avg(单价)FROM stock ORDER BY 单价
C. SELECT 交易所,avg(单价)FROM stock ORDER BY 交易所
D. SELECT 交易所,avg(单价)FROM stock GROUP BY 交易所

2. 使用 SQL 语句进行分组检索时,为了去掉不满足条件的分组,应当(　　)
A. 使用 WHERE 子句
B. 在 GROUP BY 后面使用 HAVING 子句
C. 先使用 WHERE 子句,再使用 HAVING 子句
D. 先使用 HAVING 子句,再使用 WHERE 子句

3. SQL 是哪几个英文单词的缩写(　　)
A. Standard Query Language   B. Structured Query Language
C. Select Query Language   D. 以上都不是

4. 如果学生表 STUDENT 是使用下面的 SQL 语句创建的:
CREATE TABLE STUDENT(SNO C(4) PRIMARY KEY NOTNULL,;
　　SN C(8),;
　　SEX C(2),;
　　AGE N(2) CHECK(AGE>15 AND AGE<30)
下面的 SQL 语句中可以正确执行的是(　　)
A. INSERT INTO STUDENT(SNO,SEX,AGE) valueS ("S9","男",17)
B. INSERT INTO STUDENT(SNO,SEX,AGE) valueS ("李安琦","男",20)
C. INSERT INTO STUDENT(SEX,AGE) valueS ("男",20)
D. INSERT INTO STUDENT(SNO,SN) valueS ("S9","安琦",16)

5. 使用SQL语句从表STUDENT中查询所有姓王的同学的信息,正确的命令是( )
   A. SELECT * FROM STUDENT WHERE LEFT(姓名,2)="王"
   B. SELECT * FROM STUDENT WHERE RIGHT(姓名,2)="王"
   C. SELECT * FROM STUDENT WHERE TRIM(姓名,2)="王"
   D. SELECT * FROM STUDENT WHERE STR(姓名,2)="王"

二、填空题

1. 在SQL的CAEATA TABLE语句中,为属性说明取值范围(约束)的是____短语。
2. SQL插入记录的命令是INSERT,删除记录的命令是_____,修改记录的命令是_____。
3. 在SQR的嵌套查询中,量词ANY和_____是同义词。在SQL查询中,使用_____子句指出的是查询条件。
4. 从职工数据库表中计算工资合计的SQL语句是SELECT_____FROM 职工。
5. 在SQL的SELECT查询中使用_____句消除查询结果中的重复记录。
6. 在Visual FoxPro中,使用SQL的SELECT语句将查询结果存储在一个临时表中,应该使用_____子句。
7. 在Visual FoxPro中,使用SQL的CREATE TABLE语句建立数据库表时,使用_____子句说明主索引。
8. 在SQL的SELECT语句进行分组计算查询时,可以使用_____子句来去掉不满足条件的分组。

第8章 视图与查询

查询和视图都是 Visual FoxPro 数据库中获取数据记录、更新数据的一种操作方式。有了查询与视图,给多表数据库信息的显示、更新和编辑提供了非常简便的方法。本章介绍查询与视图的创建、修改和运行等操作。

8.1 视图

视图是用户定义的,并且一经定义就可以检索和删除。它依附于表,像一个窗口可以利用它查看和改变表中的信息。

由于数据库的数据来源不同,视图可以分为本地视图和远程视图。

8.1.1 视图概述

"视图"是从一个或多个表中导出的"表",它与表不同的是,视图中的数据还是存储在原来的表中,因此可以把它看做是一个"虚表"。视图是不能单独存在的,它依赖于某一数据库且依赖于该表而存在,只有打开与视图相关的数据库才能创建和使用视图。

视图不是"图",而是观察表中信息的一个窗口,相当于定制的浏览窗口。在数据库应用中,读者经常只需要感兴趣的数据,如所有专业技术职务是副教授的所有职工情况、今年达到退休年龄的职工情况等,如何快速知道结果呢?用查询,读者可能会这么回答。查询的确可以轻松实现,但是进一步讲,若想对这些记录的数据进行更新又该怎么办?为数据库建立视图可以解决这一问题。视图不但可以查阅数据还可以更新数据并返回给数据库,而查询则只能起到查询的作用。

使用视图,可以从表中将用到的一组记录提取出来组成一个虚拟表,而不管数据源中的其他信息,并可以改变这些记录的值,把更新结果送回到源表中。这样,就不必面对数据源中所有的(用到的或用不到的)信息,加快了操作效率;而且,由于视图不涉及数据源中的其他数据,加强了操作的安全性。

8.1.2 视图向导创建视图

和其他向导一样,本地视图向导也是一个交互式程序,只需要根据屏幕提示回答一系列问题或选择一些选项就可以建立一个本地视图,而无需考虑它是如何建立的。下面以建立单表视图(基于一个表的视图)为例进行介绍。

本地视图向导可以通过多种方法打开,如从"工具"|"向导"|"全部"中打开、从项目管理器中打开、从"文件"|"新建"中打开等,下面介绍从项目管理器中打开的步骤:

①打开项目管理器,打开"数据库"的本地视图,如图 8-1 所示。

②单击新建,选择"视图向导",进入"本地视图向导"窗口的"步骤 1——字段选取",

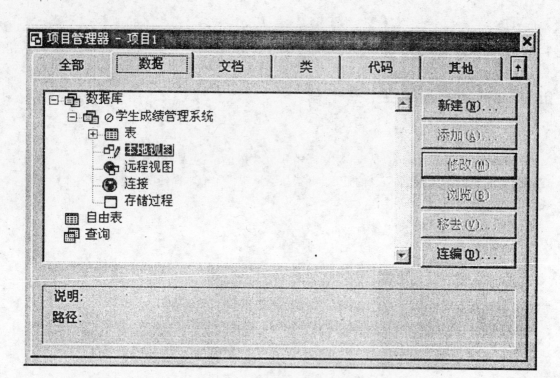

图 8-1 项目管理器新建本地视图

如图 8-2 所示。

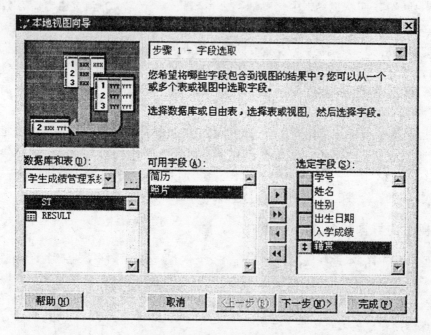

图 8-2 步骤 1——字段选取

可以从几个表或视图中选取字段。首先从一个表或视图中选取字段,并将它们移动到

"选定字段"框中,如果是多表视图则再从另一个表或视图中选取字段,并移动它们;如果只是选择了一个表的字段,则单击"下一步"按钮进入"步骤3——筛选记录";如果所选字段来自多个表,则进入"步骤2——为表建立关系",单击"下一步"后,进入"步骤3",本例选择了两个表,所以进入步骤2。

③从两个下拉式列表中选择字段,然后选择"添加"。如果在视图中使用多个表,必须通过指明每个表中哪个字段包含匹配数据来联系这些表,如图8-3所示。

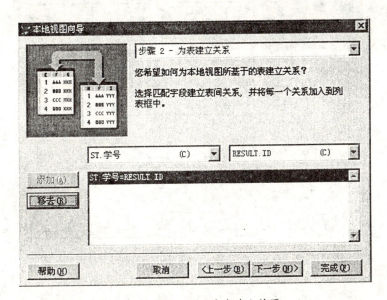

图8-3　步骤2——为表建立关系

④单击"下一步",进入"步骤2a——字段选取",通过只从两个表中选择匹配的记录或者任何一个表中的所有记录,可以限制查询。默认情况下,只包含匹配的记录,如图8-4所示。

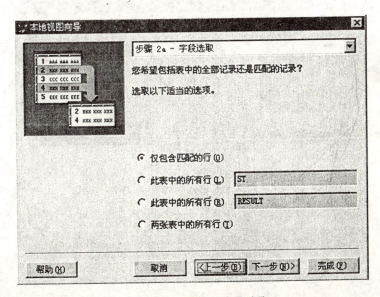

图8-4　步骤2a——字段选取

⑤单击"下一步",进入"步骤3——筛选记录",通过创建从所选的表或视图中筛选记录的表达式,可以减少记录的数目。可以创建两个表达式,然后用"与"连接,将返回同时满足两个指定条件的记录,如果用"或"连接,则返回至少符合其中一个条件的记录。选择"预览"可以查看基于筛选条件的记录,如图8-5所示。

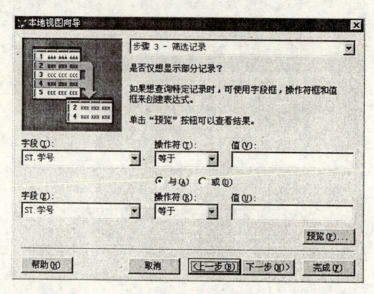

图8-5　步骤3——筛选记录

⑥单击"下一步",进入"步骤4——排序记录",这一步最多选择三个字段或一个索引标识以确定视图结果的排序顺序。选择"升序"视图将按升序排序,选择"降序"视图按降序排序。这里选择"学号"作为索引字段,并按"升序"排列,如图8-6所示。

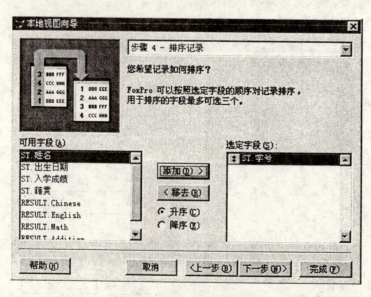

图8-6　步骤4——排序记录

⑦单击"下一步",进入"步骤4a——限制记录",可以通过指定一定百分比的记录,或者选择一定数量的记录,来进一步限制视图中的记录数目。例如,要查看前10个记录,可选"数量",然后在"部分值"框中输入10,如图8-7所示。

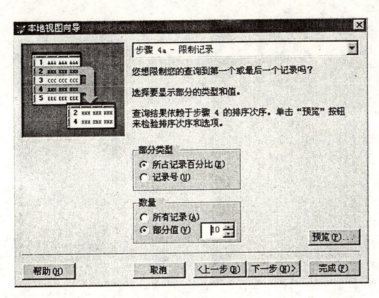

图8-7　步骤4a——限制记录

⑧单击"下一步",进入"步骤5——完成",向导保存视图之后,可以像其他视图一样,在"视图设计器"中打开并修改它。按"预览"可以进入预览窗口,选择合适的选项并按"完成"按钮,如图8-8所示。

图8-8　步骤5——完成

上述视图的结果如图8-9所示。

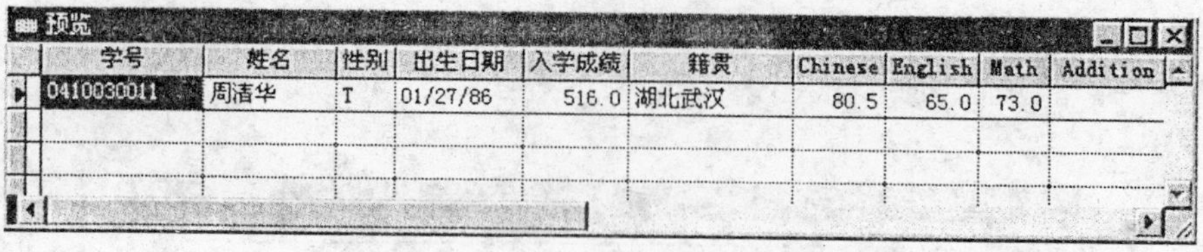

图 8-9 视图结果

8.1.3 视图设计器

启动"视图设计器"的方法如下:
- 使用菜单启动"视图设计器"
- 在项目管理器中启动"视图设计器"
- 使用命令启动"视图设计器"
- OPEN DataBase ＜数据库名＞
- CREATE VIEW

前面利用本地视图向导创建的视图如图 8-10 所示,视图选项卡的上半部分放置添加的表,下半部分设置视图的"字段"、"联接"、"筛选"、"排序依据"、"分组依据"、"更新条件"、"杂项"七个选项卡。

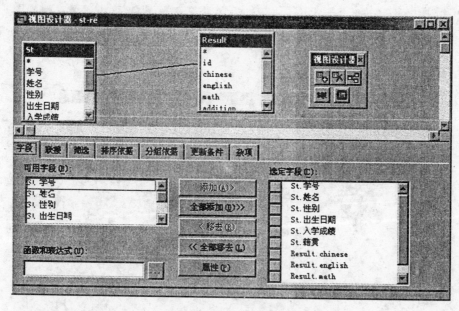

图 8-10 视图设计器窗口

1. 视图设计器工具栏

利用视图工具栏可以很方便地使用视图设计器许多常用的功能操作,如表 8-1 所示,该表给出了按钮名称及其说明。

表 8-1 视图工具栏功能

按钮	名称	说明
	添加表	显示"添加表或视图"对话框,从而可以向设计器窗口添加一个表或视图
	移去表	从设计器窗口的上窗格中移去选定的表
	添加联接	在视图中的两个表之间创建联接条件
	显示/隐藏 SQL 窗口	显示或隐藏建立当前视图的 SQL 语句
	最大化/最小化上部窗口	放大或缩小"视图设计器"的上窗格

2. 字段选择

字段选项卡用来指定在视图中的字段,SUM 或 COUNT 之类的合计函数,或其他表达式。

可用字段:添加的表或视图中所有可用的字段。

函数和表达式:指定一个函数或表达式。用户既可从列表中选定一个函数,又可直接在框中键入一个表达式,单击"添加"按钮把它添加到"选定字段"框中。

选定字段:出现在视图结果中的字段、合计函数和其他表达式,可以拖动字段左边的垂直双箭头来重新调整输出顺序。

添加:从"可用字段"框或"函数和表达式"框中把选定项添加到"选定字段"框中。

全部添加:将"可用字段"框中的所有字段添加到"选定输出"框中。

移去:从"选定字段"框中移去所选项。

全部移去:从"选定字段"框中移去所有选项。

属性:显示"视图字段属性"对话框,读者可以指定视图中的字段选项,这与在数据库表中的字段操作相同。该选项只可在"视图设计器"中使用。

3. 联接条件

"联接"选项卡的作用是为匹配一个或多个表或视图中的记录指定联接条件(如字段的特定值,表间临时关系的联接条件)。视图中的表间关系不像是在数据库中介绍的永久关系和临时关系,它依据"联接"选项卡中设置的一个联接表达式进行联接,表之间的关系是松散的。

下面是"联接"选项卡中的选项,如图 8-11 所示。

条件按钮即"类型"左边的水平双箭头。如果有多个表联接在一起,则会显示此按钮。单击它可以在"联接条件"对话框中编辑已选的条件或查询规则。

默认情况下,联接条件的类型为"Inner Join"(内部联接)。新建一个联接条件时,单击该字段可显示一个联接类型的下拉列表。

Inner Join:指定只有满足联接条件的记录包含在结果中。此类型是默认的,也是最常使用的联接类型。

Right Outer Join:指定满足联接条件的记录,以及联接条件右侧的表中记录(即使不匹配联接条件)都包含在结果中。

Left Outer Join:指定满足联接条件的记录,以及联接条件左侧的表中记录(即使不匹配联接条件)都包含在结果中。

Full Join:指定所有满足和不满足联接条件的记录都包含在结果中。此字段必须满足实例文本(字符与字符相匹配)。

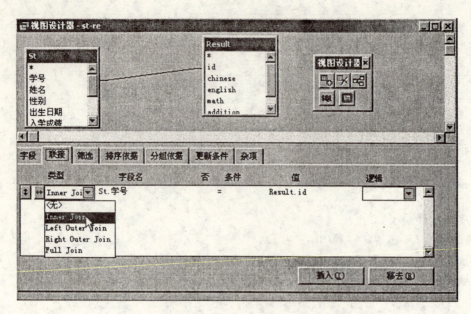

图 8-11 视图设计器联接选项

条件选项有"相等(=)"、"相似(Like)"、"完全相等(==)"、"大于(>)"、"小于(<)"、"大于或等于(>=)"、"小于或等于(<=)"、"空(NULL)"、"介于(Between)"、"包含(In)"。

其中"=="是指定字符完全匹配,"In"是指定字段必须与实例文本中逗号分隔的几个样本中的一个相匹配,"Is NULL"是指定字段包含 null 值,"Between"是指定字段在指定的高值和低值之间。

4. 排序依据

"排序依据"选项卡用来指定字段,合计函数 SUM、COUNT 或其他表达式,设置查询中检索记录的顺序。如果在"杂项"选项卡中已选定"交叉数据表"选项,则自动创建排序字段的列表,列表将出现在查询结果中的选定字段和表达式。排序条件是指定用于排序查询的字段和表达式,显示于每一字段左侧的箭头指定递增(向上)或递减(向下)排序。箭头左侧显示的移动框可以更改字段的顺序,如图 8-12 所示。

5. 分组依据

"分组依据"选项卡用来指定字段,SUM 或 COUNT 之类的合计函数,或把有相同字段值的记录合并为一组,实现对视图结果的行进行分组,列出添加的分组的字段、合计函数和其他表达式。字段按照它们在列表中显示的顺序分组,可以拖动字段左边的垂直双箭头,更改字段顺序和分组层次。"满足条件"对话框可以为记录组指定条件,该条件决定在查询输出中包含哪一组记录,如图 8-13 所示。

6. 更新条件

视图与查询的重要的不同之处在于视图能够更新数据并能把更新的数据返回到源表中去,它还能保护源表中数据的安全性,这些功能是在"更新条件"选项卡中来实现的。即"更新条件"选项卡用来指定更新视图的条件,将视图中的修改传送到视图所使用的表的原始记录中。指定视图所使用的哪些表可以修改,以及该表包含的字段。重置关键字是从每个表中选择主关键字字段作为视图的关键字字段,对于"字段名"列表中的每个主关键字字段,在钥匙

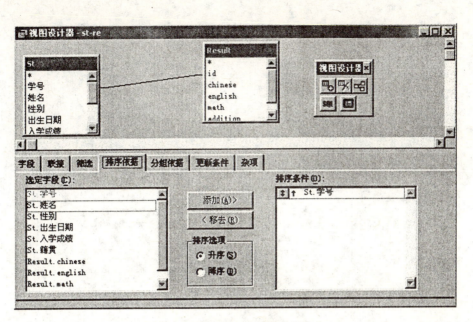

图 8-12 视图设计器排序依据

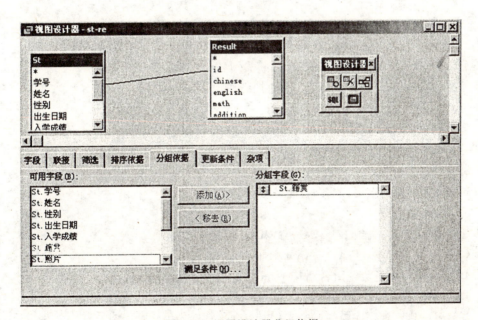

图 8-13 视图设计器分组依据

符号下面打一个"对号",关键字字段可用来使视图中的修改与表中的原始记录相匹配,如图 8-14 所示。

8.1.4 使用视图

视图建立之后,用户不但可以用它来显示和更新数据,而且还可以通过调整它的属性来提高性能,处理视图类似于处理表,用户可以实现以下功能:

- 使用 USE 命令并指定视图名来打开一个视图

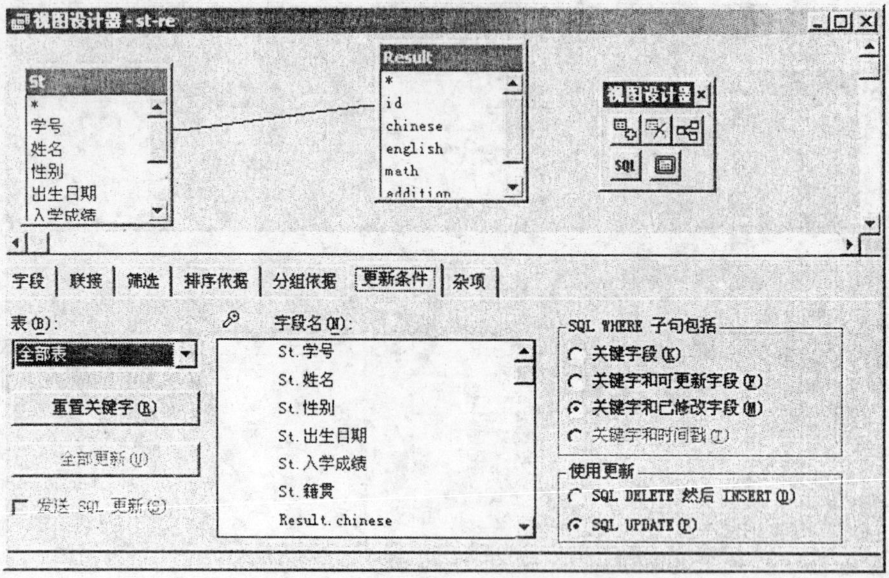

图 8-14　更新条件

- 使用 USE 命令关闭视图
- 在浏览窗口中显示视图记录
- 在数据工作期窗口中显示已打开视图的别名
- 将视图作为数据源,供表单或 GRID 控制使用
- 使用 USE 命令以编程方式访问视图

1. 打开视图

使用 USE 命令像打开表一样打开一个视图。

命令格式:USE ViewName

其中,ViewName 指出要打开的视图的名字。

2. 重命名视图

可以使用项目管理器或 RENAME VIEW 命令重命名视图。

命令格式:RENAME VIEW ViewName1 to ViewName2

其中,ViewName1 是原视图名,ViewName2 是新视图名。

3. 删除视图

可以使用项目管理器或 DELETE VIEW 命令从数据库中删除视图。

命令格式:DELETE VIEW ViewName

其中,ViewName 指出要删除的视图名称。

8.2　查询

查询是一个以 .qpr 为扩展名的文件——查询文件,其中最重要的一条就是 SELECT-SQL。
查询是一种相对独立且功能强大、结果多样的数据库资源,利用查询可以实现对数据库中数据的浏览、筛选、排序、检索、统计及加工等操作;利用查询可以为其他数据库提供新的数据库表,可以从单个表中提取有用的数据,也可以从多个表中提取综合信息。

8.2.1 查询的创建

创建查询可以使用以下几种方法完成:
- 使用查询向导创建
- 使用查询设计器创建
- 使用 SELECT-SQL 命令创建

1. 查询向导

如图 8-15 所示,按照"查询向导"的提示选择数据库、表、字段等信息,完成查询的建立。

步骤如下:

① 从"文件"菜单中选择"新建"命令,或者使用鼠标单击常用工具栏中的"新建"按钮,打开"新建"对话框,如图 8-16 所示。

② 单击查询,选择"向导",选择"查询向导"即进入"查询向导"窗口的"步骤1——字段选取",如图 8-17 所示。

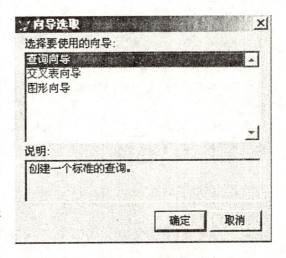

图 8-15 查询向导

可以从几个表或视图中选取字段。首先从一个表或视图中选取字段,并将它们移动到"选定字段"框中,如果是多表查询则再从另一个表或视图中选取字段,并移动它们;如果只是选择了一个表的字段,则单击"下一步"按钮进入"步骤3——筛选记录";如果所选字段来自多个表,则进入"步骤2——为表建立关系",点击"下一步"后,进入"步骤3",本例选择了两个表,所以进入步骤2。

③ 从两个下拉式列表中选择字段,然后选择"添加"。如果在查询中使用多个表,必须通过指明每个表中哪个字段包含匹配数据来联系这些表,如图 8-18 所示。

④ 单击"下一步",进入"步骤2a——字段选取",通过只从两个表中选择匹配的记录或者任何一个表中的所有记录,可以限制查询。默认情况下,只包含匹配的记录,如图 8-19 所示。

⑤ 单击"下一步",进入"步骤3——筛选记录",通过创建从所选的表或视图中筛选记录的表达式,可以减少记录的数目。可以创建两个表达式,然后用"与"连接,将返回同时满足两个指定条件的记录,如果用"或"连接,则返回至少符合其中一个条件的记录。选择"预览"可以查看基于筛选条件的记录,如图 8-20 所示。

⑥ 单击"下一步",进入"步骤4——排序记录",这一步最多选择三个字段或一个索引标识以确定查询结果的排序顺序。选择"升序"查询将按升序排序,选择"降序"查询按降序排序。这里选择"学号"作为索引字段,并按"升序"排列,如图 8-21 所示。

⑦ 单击"下一步",进入"步骤4a——限制记录",可以通过指定一定百分比的记录,或者选择一定数量的记录,来进一步限制查询中的记录数目。例如,要查看前 10 个记录,可选"数量",然后在"部分值"框中输入 10,如图 8-22 所示。

⑧ 单击"下一步",进入"步骤5——完成",向导保存查询之后,可以像其他查询一样,在

Visual FoxPro 程序设计

"查询设计器"中打开并修改它。按"预览"可以进入预览窗口。选择合适的选项并按"完成"按钮,如图 8-23 所示。

上述查询的结果如图 8-24 所示。

2. 查询设计器

在很多情况下都需要建立查询,例如报表组织信息、即时回答问题或者查看数据中的相关子集。无论什么要求,查询的建立过程是相同的。利用"查询设计器",首先选择想从中获取信息的表或视图,指定从这些表或视图中提取记录的条件,然后按照想得到的输出类型定向查询结果。

建立查询的步骤为:

①使用"查询设计器"开始建立查询;
②选择出现在查询结果中的字段;
③设置选择条件来查找可给出所需要结果的记录;
④设置排序或分组选项来组织查询结果;
⑤选择查询结果的输入类型:表、报表、浏览等;
⑥运行查询。

3. 使用 SELECT-SQL 命令

如果需要确定定义是否正确,可查看使用"查询设计器"生成的 SQL 语句,也可以添加注释来说明查询的目

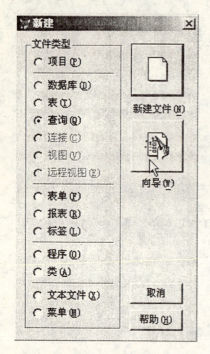

图 8-16 新建对话框

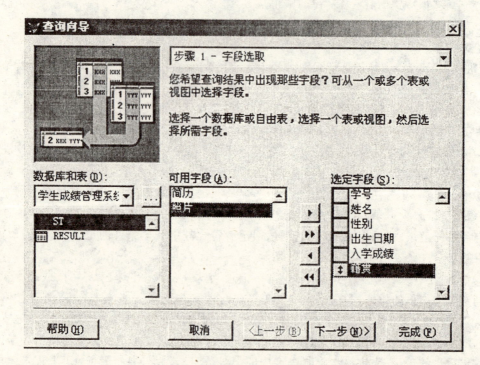

图 8-17 步骤1——字段选取

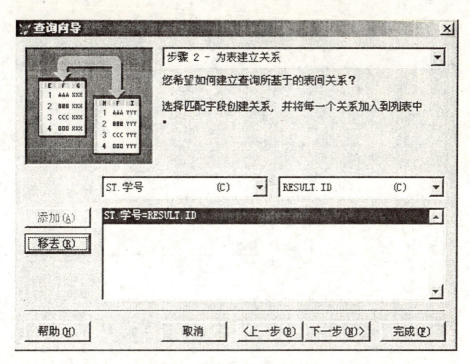

图 8-18　步骤 2——为表建立关系

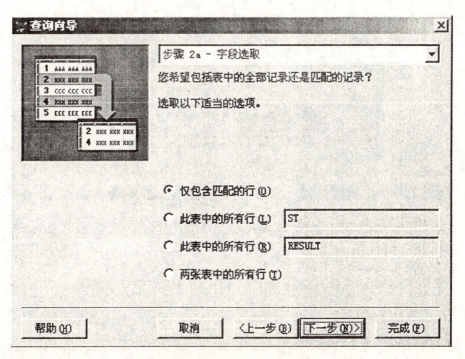

图 8-19　步骤 2a——字段选取

的,添加的注释将出现在 SQL 窗口里。

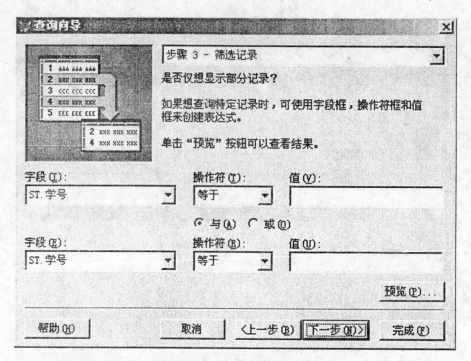

图 8-20　步骤3——筛选记录

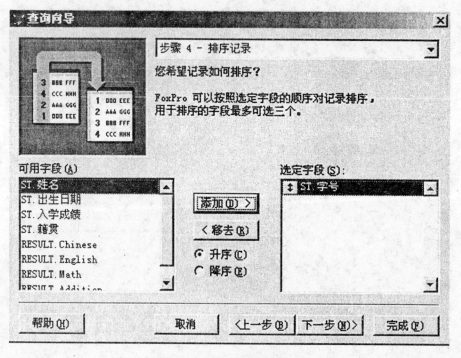

图 8-21　步骤4——排序记录

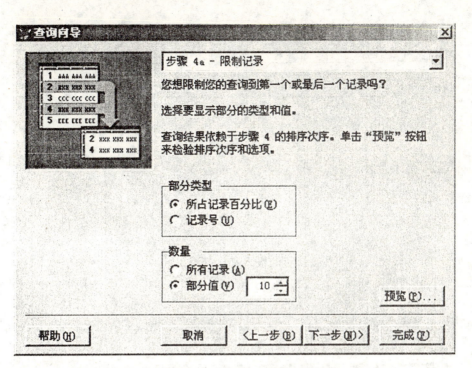

图 8-22　步骤 4a——限制记录

图 8-23　步骤 5——完成

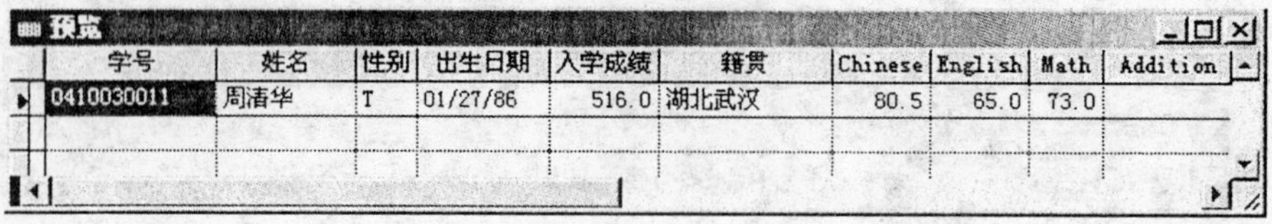

图 8-24 查询结果

8.2.2 查询结果输出

当设计完查询后,可以把查询结果输出到浏览窗口或编辑窗口,可以根据所需要的功能选取不同的输出去向。若需要把结果保留一段时间,或者把它存储到表中,或者用它来制作标签,或者用它的数据来画图等,为此必须为查询结果指定输出去向。Visual FoxPro 可以为查询指定输出到浏览、临时表、表、图形、屏幕、报表和标签。

在设计查询时指定查询的输出去向,在"查询"菜单中选择"查询去向"命令,或者查询设计器单击工具栏中的查询去向命令按钮,将弹出如图 8-25 所示的选择对话框。选择某个"输出去向",然后单击"确定"命令按钮,这样当运行查询时,将把结果输出到指定的"去向"中。

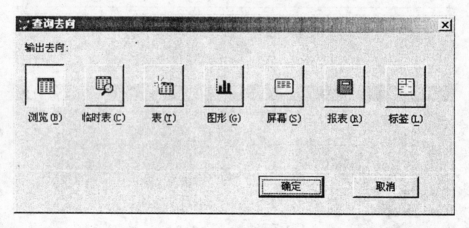

图 8-25 设置查询去向

在"查询去向"窗口,系统提供了以下七种输出格式,由用户确定查询结果的输出方式:
① "浏览"格式:把查询结果送入浏览窗口。
② "临时表"格式:把查询结果存入到一个临时的数据库中,可以随意处理这个临时表。
③ "表"格式:把查询结果存入一个数据库中,可以随意处理这个数据表,当关闭这个数据表后,查询结果仍将存在磁盘上。
④ "图形"格式:把查询结果以图形方式输出。
⑤ "屏幕"格式:把查询结果以屏幕方式输出。
⑥ "报表"格式:把查询结果以报表方式输出。
⑦ "标签"格式:把查询结果以标签方式输出。

默认时选中"浏览"命令按钮。在向浏览窗口输出结果时,Visual FoxPro 创建一个包含了查询结果的临时表(在内存中),并打开浏览窗口显示表格。用户一旦关闭浏览窗口,该临时表就被删除。如果只需要浏览一下而不需要把它保存起来,选择"浏览"格式是最好的办法。

8.2.3 运行查询

在系统主菜单中选择"查询"菜单中的"运行查询"菜单项,或者使用"CTRL + Q"组合键。

8.3 小结

视图是用户定义的,并且一经定义就可以检索和删除。它依附于表,像一个窗口可以利用它查看和改变表中的信息。

查询是一种相对独立且功能强大、结果多样的数据库资源,利用查询可以实现对数据库中数据的浏览、筛选、排序、检索、统计及加工等操作;利用查询可以为其他数据库提供新的数据库表,可以从单个表中提取有用的数据,也可以从多个表中提取综合信息。

由于数据库的数据来源不同,视图可以分为本地视图和远程视图。查询和视图有很多相似之处,所以很多操作步骤相同。

8.4 习题

一、选择题

1. 以下关于查询的描述正确的是(　　)
   A. 只能根据数据库表建立查询
   B. 只能根据自由表建立查询
   C. 可以根据数据库表和自由表建立查询
   D. 可以根据数据库表、自由表和视图建立查询
2. 在 VFP 中创建查询,查询结果的默认输出方向是(　　)
   A. 浏览窗口　　　　B. 屏幕　　　　C. 数据表　　　　D. 临时表
3. 若使用菜单操作方式打开一个已经存在的查询文件 123.qpr 时,在命令窗口将自动出现相应的命令(　　)
   A. OPEN 123.qpr
   B. DO QUERY 123.qpr
   C. CREATE QUERY 123.qpr
   D. MODIFY QUERY 123.qpr
4. 下列几项中,不能作为查询输出目标的是(　　)
   A. 临时表　　　　B. 视图　　　　C. 标签　　　　D. 图形
5. 在"查询设计器"窗口中,不包括(　　)选项卡
   A. 字段　　　　B. 更新条件　　　　C. 筛选　　　　D. 排序依据
6. 视图不能单独存在,它必须依赖于(　　)而存在
   A. 视图　　　　B. 数据表　　　　C. 查询　　　　D. 数据库
7. 视图设计器中包括的选项卡有(　　)
   A. 字段、筛选、排序依据、更新条件
   B. 字段、条件、分组依据、更新条件

C. 条件、排序依据、分组依据、更新条件
D. 条件、筛选、杂项、更新条件

8. 以下关于创建视图的描述中,正确的是( )

A. 只能由自由表创建视图
B. 只能由数据库表创建视图
C. 可以由其他视图创建视图
D. 不能由其他视图创建视图

9. 在 Visual FoxPro 中,查询和视图的共同特点是( )

A. 都可以作为文件存储
B. 依赖于数据库而存在
C. 只能从一个数据表中提取数据
D. 可以从多个相互关联的数据表中提取数据

二、简答题

1. 简述查询建立的几种方法。
2. 简述视图的作用。
3. 视图和表有什么区别?

第9章 表单设计

表单(Form)是 Visual FoxPro 中最常见的界面,各种对话框和窗口都是表单的不同表现形式。表单内可以包含命令按钮、文本框和列表框等各种界面元素,它还提供丰富的对象集,这些对象能响应用户(或系统)事件,从而使用户尽可能方便和直观地完成信息管理工作。

本章首先介绍表单的创建与管理,然后介绍表单设计器环境,最后介绍一些常用表单控件及设计实例。

9.1 操作表单

9.1.1 表单创建与保存

在 Visual FoxPro 中,可以通过多种方式创建表单,常用的有以下两种方法:
- 使用表单向导
- 使用表单设计器

1. 使用表单向导创建表单

对于初学者特别适合这种方法,只要逐步回答"表单向导"提出的一系列问题,"表单向导"就会自动建立一个满足用户要求的表单。具体操作如下:

①选择"文件"菜单中的"新建"菜单项,在打开的"新建"对话框中选择"表单"文件类型,然后单击"向导"按钮。

②在"项目管理器"中选择"文档"选项卡中的"表单"项,然后单击"新建"按钮,在打开的"新建表单"对话框中选择"表单向导",如图 9-1 所示。

2. 使用表单设计器创建表单

表单向导设计的表单不能完全符合实际需要,大多数表单的建立是通过表单设计器进行的。具体操作如下:

①选择"文件"菜单中的"新建"菜单项,在打开的"新建"对话框中选择"表单"文件类型,然后单击"新建文件"按钮,打开"表单设计器"窗口。

②在"项目管理器"窗口中,选择"文档"选项卡中的"表单",然后单击"新建"按钮,并在打开的"新建表单"对话框中选择"新建表单",如图 9-2 所示。

也可以使用命令 CREATE FORM 打开"表单设计器"窗口。

完成表单设计后,就需要将它保存起来供以后使用。如果要保存表单,可以在使用表单设计器时,选择"文件"菜单中的"保存"或是"另存为"命令。

表单的扩展名为.scx,在保存表单的同时自动生成扩展名为.sct 的表单备注文件。表单文件(.scx)是一个具有固定表结构的表文件,用于存储生成表单所需要的信息项;表单备注文件(.sct)是一个文本文件,用于存储生成表单所需的信息项中的备注代码。只有当表单的两

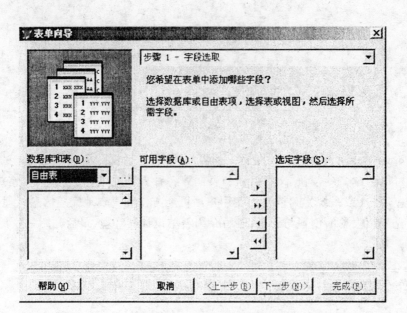

图 9-1 "表单向导"窗口

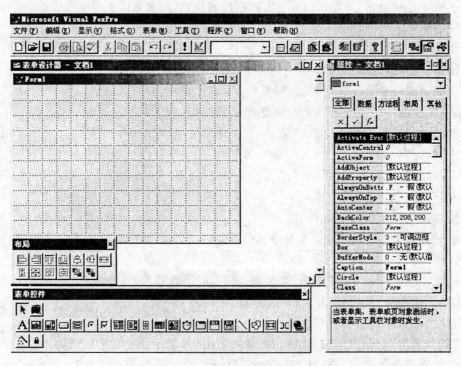

图 9-2 "表单设计器"窗口

个文件同时存在时,才能执行表单。

9.1.2 修改表单

可以通过多种方式修改表单,常用的方法有以下几种:

①在"项目管理器"中选择"文档"选项卡中的"表单",单击"修改",打开相应的"表单设计器"。

②如果一个表单不属于某个项目时,选择"文件"菜单中的"打开"菜单项,在"打开"对话框中选择"表单"文件类型,然后单击相应的表单文件。

③在命令窗口中输入命令:

MODIFY FORM <表单文件名>

9.1.3 运行表单

可以通过多种方式运行表单,常用的方法有以下几种:

①在表单设计器环境下,选择"表单"菜单中"执行表单"项,或者单击常用工具栏上的"运行"按钮。

②选择"文件"菜单中的"运行"菜单项,然后选定相应的表单文件名并单击"运行"按钮。

③在"项目管理器"中选择"文档"选项卡中的"表单",然后选定相应的表单文件并单击"运行"。

④在命令窗口中输入命令:

DO FORM <表单文件名> [WITH <参数表>]

例 9.1 新建一个不含任何控件的空表单 MyForm.scx,然后运行。

操作步骤:

①选择"文件"菜单中的"新建"菜单项,在打开的"新建"对话框中选择"表单"文件类型,然后单击"新建文件"按钮,打开"表单设计器"窗口。

②从"文件"菜单中选择"保存"命令,然后选择适当的路径,输入表单的文件名 MyForm,关闭表单设计器窗口。

③在命令窗口中输入命令:DO FORM MyForm.scx,如图 9-3 所示。

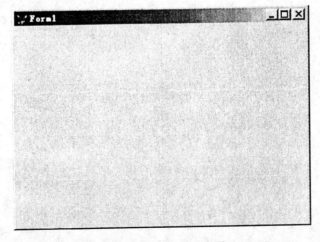

图 9-3 例 9.1 的示意图

9.1.4 表单属性和方法

1. 表单的常用属性

新建一个表单后,用户可以设置表单的某些属性,对表单外观和行为进行定义。表单属性大约有100多个,常用属性如表9-1所示。

表9-1　　　　　　　　　　表单常用属性

属性名称	说　　明	默认值
AlwaysOnTop	控制表单是否出现在其他打开窗口的上面	.F.
AutoCenter	控制表单是否出现在VFP主窗口中央	.F.
BackColor	表单的背景颜色	255,255,255
BorderStyle	用于设置表单的边框样式 0(无边框)1(单线边框)2(固定对话框)3(可调边框)	3
Caption	表单的标题	Form1
Closable	控制是否可以通过双击窗口菜单图标来关闭表单	.T.
ControlBox	控制是否在表单的左上角显示窗口菜单图标	.T.
DataSession	控制表单中在工作时打开的表文件是只能由表单私有,还是可以进行全程访问	1
ForeColor	表单的前景颜色	192,192,192
Height	表单的高度	250
MaxButton	控制表单是否有最大化按钮	.T.
MinButton	控制表单是否有最小化按钮	.T.
Movable	控制表单是否可以在屏幕上移动	.T.
Name	表单的名称	Form1
Scrollbars	控制控件所具有的滚动条类型 0(无)1(水平)2(垂直)3(既水平又垂直)	0
Width	表单的宽度	375
WindowState	控制表单状态 0(普通)1(最小化)2(最大化)	0
WindowType	控制表单是模式表单(1)还是非模式表单(0)	0

2. 创建新属性

向表单添加新属性的步骤如下:

①选择"表单"菜单中的"新建属性"命令,打开"新建属性"对话框,如图9-4所示。

②在"名称"文本框中输入属性名称,新建的属性同样会在"属性"窗口的列表框中显示出来。

③有选择地在"说明"文本框中输入新建属性的说明信息,这些信息将显示在"属性"窗口的底部。

例如,可在"新建属性"对话框的"名称"文本框中输入"array1(5)",来创建一个有五个元

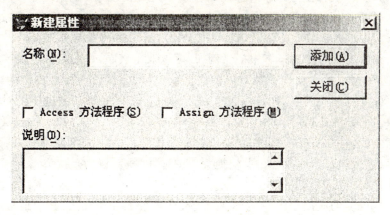

图 9-4 "新建属性"对话框

素的一维数组,在"说明"文本框中输入"该属性是一个一维数组,有五个元素"。

3. 创建新方法

向表单添加新方法的步骤如下:

①选择"表单"菜单中的"新建方法程序"命令,打开"新建方法程序"对话框。

②在"名称"文本框中输入方法名。

③有选择地在"说明"文本框中输入新建方法的说明信息。

新建的方法同样会在"属性"窗口的列表框中显示出来,可以双击它打开代码编辑窗口,然后输入或修改方法的代码。

若要删去用户添加的属性或方法,可以选择"表单"菜单中"编辑属性/方法程序"命令,打开对话框,然后在列表框中选择不需要的属性或方法并单击"移去"按钮。

4. 编辑方法或事件代码

在表单设计器环境下,要编辑方法或事件的代码,可以按下列步骤进行:

①选择"显示"菜单中的"代码"命令,打开代码编辑窗口,如图 9-5 所示。

图 9-5 代码编辑窗口

②从"对象"框中选择方法或事件所属的对象(表单或表单中的控件)。
③从"过程"框中指定需要编辑的方法或事件。
④在编辑区中输入或修改方法或事件的代码。

打开代码编辑窗口的方法还有很多。例如,可以双击表单或表单中的某个控件打开代码编辑窗口,这时"对象"框自动选中被双击的表单或控件;还可以在属性窗口的列表框中双击某个方法或事件项打开代码编辑窗口,这时"对象"框自动选中当前被选定的对象,"过程"框自动选中被双击的方法或事件。

若要将已经编辑过的方法或事件重新设置为默认值,可以在"属性"窗口的列表框中用右键单击该方法或事件项,然后在弹出的快捷菜单中选择"重新设为默认值"命令。

5. 常用事件与方法

在 Visual FoxPro 的应用程序中,表单可响应 40 多个事件和方法,其中最常用的事件方法如表 9-2 所示。

表 9-2 表单常用事件与方法

名 称	说 明
Init 事件	在创建对象时引发
Destroy 事件	在释放对象时引发
Error 事件	当对象方法或事件代码在运行过程中产生错误时引发
Load 事件	在表单对象建立之前引发,即运行表单时,先引发表单的 Load 事件,再引发表单的 Init 事件
Unload 事件	在表单对象释放时引发,是表单对象释放时最后一个要引发的事件
GotFocus 事件	对象接收焦点,由用户动作引起,如按 Tab 键或单击,或者在代码中使用 SetFocus 方法
Click 事件	用户使用鼠标单击对象
DblClick 事件	用户使用鼠标双击对象
RightClick 事件	用户使用鼠标右键单击对象
KeyPress 事件	用户按下或释放键
MouseDown 事件	当鼠标指针停在一个对象上时,用户按下鼠标
MouseMove 事件	用户在对象上移动鼠标
MouseUp 事件	当鼠标指针停在一个对象上时,用户释放鼠标
SetFocus 方法	让控件获得焦点,使其成为活动对象
Release 方法	将表单从内存中释放
Refresh 方法	重新绘制表单或控件,并刷新它的所有值
Show 方法	显示表单
Hide 方法	隐藏表单

例 9.2 为表单 MyForm 的 Click 和 RightClick 事件添加代码:
①设置 Click 事件代码:表单背景颜色变成红色;

②设置 RightClick 事件代码:表单背景颜色变成黄色。
操作步骤如下:
①在命令窗口输入命令 MODIFY FORM MyForm,打开表单设计器窗口。
②从"显示"菜单中选择"代码"命令,打开代码编辑窗口。
③设置 Click 事件代码。从"过程"框中选择 Click,然后在编辑区中输入代码:
thisform. backcolor = rgb(255,0,0)
wait"引发 Click 事件"window
④设置 RightClick 事件代码。从"过程"框中选择 RightClick,然后在编辑区中输入代码:
thisform. backcolor = rgb(255,255,0)
wait"引发 RightClick 事件"window
⑤关闭代码编辑窗口和表单设计器窗口。
⑥在命令窗口中输入命令 DO FORM MyForm。
表单运行时,用鼠标左键单击表单窗口,表单背景颜色变成红色,提示信息显示在右上角的一个 WAIT 窗口里;而用鼠标右键单击表单窗口,表单背景颜色变成黄色,同样显示一个相关的提示信息。

9.2 表单设计器

9.2.1 表单设计器环境

表单设计器启动后,Visual FoxPro 主窗口上将出现"表单设计器"窗口、"属性"窗口、"表单控件"工具栏、"表单设计器"工具栏以及"表单"菜单。

1. 表单设计器窗口

"表单设计器"窗口内含正在设计的表单窗口。用户可以在表单窗口上可视化地添加和修改控件。表单窗口只能在"表单设计器"窗口内移动。

2. 属性窗口

"属性"窗口如图 9-6 所示。

其中包括对象框、属性设置框和属性、方法、事件列表框。对象框显示当前被选定对象的名称,单击对象框右侧的下拉箭头将打开当前表单以及表单中所有对象的名称列表,用户可以从中选择一个需要编辑修改的对象或表单。"属性"窗口中的列表框显示当前选定对象的所有属性、方法和事件,用户可以从中选择一个。如果选择的是属性项,窗口内将出现属性设置框,用户可以在此对选定的属性进行设置。

对于表单及控件的绝大多数属性,其数据类型通常是固定的,如 width 属性只能接收数值型数据,caption 属性只能接收字符型数据。但有些属性的数据类型并不是固定的,如文本框的 value 属性可以是任意数据类型,复选框的 value 属性可以是数值型的,也可以是逻辑型的。

一般来说,要为属性设置一个字符型值,可以在设置框中直接输入,不需要加定界符,否则系统会把定界符作为字符串的一部分。但对那些既可以接收数值型数据又可接收字符型数据的属性来说,如果在设置框中直接输入数字 123,系统会把它作为数值型数据对待。要为这类属性设置数字格式的字符串,可以采用表达式的方式,如 ="123"。

要通过表达式为属性赋值,可以在设置框中先输入等号再输入表达式,或者单击设置框左侧的函数按钮打开表达式生成器,用它给属性指定一个表达式,表达式在运行初始化对象时计算。

有些属性的设置需要从系统提供的一组属性值中选定,此时可以单击设置框右端的下拉箭头打开列表框从中选择,或者在属性列表框中双击属性,即可在属性值之间进行切换。有些属性需要指定文件名或颜色,这时可以单击设置框右侧的对话框按钮,打开相应的对话框进行设置。

要把一个属性设为默认值,可以在属性列表框中右键单击该属性,然后从快捷菜单中选择"重置为默认值"命令。要把一个属性设置为空串,可以在选定该属性后,依次按 BackSpace 键和 Enter 键,此时在属性列表框中该属性的属性值显示为(无)。

有些属性在设计时是只读的,用户不能修改,这些属性的默认值在列表框中以斜体显示。

也可以同时选择多个对象,这时"属性"窗口显示这些对象共有的属性,用户对属性的设置也将针对所有被选定的对象。

"属性"窗口可以通过"表单设计器"工具栏中"属性窗口"按钮,或者选择"显示"菜单中"属性"命令来打开和关闭。

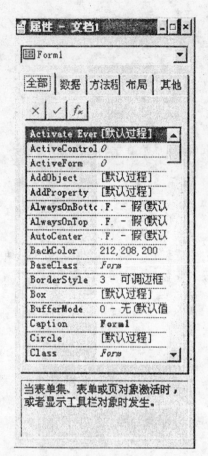

图 9-6 表单"属性"窗口

3. 表单控件工具栏

表单控件工具栏如图 9-7 所示。

内含控件按钮。利用"表单控件"工具栏可以方便地往表单添加控件:先用鼠标单击"表单控件"工具栏中相应的控件按钮,然后将鼠标移到表单窗口的合适位置单击鼠标或拖动鼠标以确定控件大小。

除了控件按钮,"表单控件"还包含以下四个辅助按钮:

(1)"选定对象"按钮

当按钮处于按下状态时,表示不可创建控件,此时可以对已经创建的控件进行编辑,如改变大小、移动位置等;按钮处于未按下状态时,表示允许创建控件。

在默认情况下,该按钮处于按下状态,此时如果从"表单控件"工具栏中单击选定某种控件按钮,选定对象按钮就会自动弹起,然后再往表单窗口添加这种类型的一个控件后,特定对象按钮又会自动转为按下状态。

(2)"按钮锁定"按钮

当按钮处于按下状态时,可以从"表单控件"工具栏中单击选定某种控件按钮,然后在表单窗口中连续添加这种类型的多个控件。

(3)"生成器锁定"按钮

当按钮处于按下状态时,每次往表单添加控件,系统都会自动打开相应的生成器对话框,以便用户对该控件的常用属性进行设置。

也可以用鼠标右键单击表单窗口中已有的某个控件,然后从弹出的快捷菜单中选择"生成器"命令,打开该控件相应的生成器对话框。

(4)"查看类"按钮

在可视化设计表单时,除了可以使用 Visual FoxPro 提供的一些基类,还可以使用保存在类库中的用户自定义类,但应该先将它们添加到"表单控件"工具栏中。将一个类库文件中的类添加到"表单控件"工具栏中的方法是:单击工具栏的"查看类"按钮,然后在弹出的菜单中选择"添加"命令,调出"打开"对话框,最后在对话框中选定所需的类库文件,并单击"确定"按钮。要使"表单控件"工具栏重新显示 Visual FoxPro 基类,可选择"查看类"按钮弹出的菜单中的"常用"命令。

"表单控件"工具栏可以通过单击"表单设计器"工具栏中的"表单控件工具栏"按钮,或选择"显示"菜单中的"工具栏"命令来打开和关闭。

4. 表单设计器工具栏

"表单设计器"工具栏如图 9-8 所示。

内含"设置 Tab 键次序"、"数据环境"、"属性窗口"、

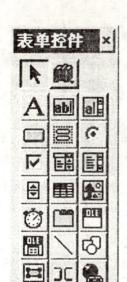

图 9-7 "表单控件"工具栏

图 9-8 "表单设计器"工具栏

"代码窗口"、"表单控件工具栏"、"调色板工具栏"、"布局工具栏"、"表单生成器"和"自动格式"等按钮。"表单设计器"工具栏可以选择"显示"菜单中的"工具栏"命令来打开和关闭。

5. 表单菜单

表单菜单中的命令主要用于创建、编辑表单或表单集,如为表单增加新属性或方法等。

9.2.2 控件的操作与布局

1. 控件的基本操作

在表单设计器环境下,经常需要对表单上的控件进行移动、改变大小、复制、删除等操作。

(1)选定控件

用鼠标单击控件可以选定该控件,被选定的控件四周出现八个控点。也可以同时选定多个控件,如果是相邻的多个控件,只需在"表单控件"工具栏上的"选定对象"按钮按下的情况下,拖动鼠标使出现的框围住要选的控件即可;如果要选定不相邻的多个控件,可以在按住 Shift 键的同时,依次单击各控件。

(2)移动控件

先选定控件,然后用鼠标将控件拖动到需要的位置上(如果在拖动时按住 Ctrl 键,可以使鼠标的移动步长减小),使用方向键也可以移动控件。

(3)调整控件大小

选定控件,然后拖动控件四周的某个控点可以改变控件的宽度和高度。

(4) 复制控件

先选定控件,接着选择"编辑"菜单中的"复制"命令,然后选择"编辑"菜单中的"粘贴"命令,最后将复制产生的新控件拖动到需要的位置。

(5) 删除控件

选定不需要的控件,然后按 Delete 键或选择"编辑"菜单中的"剪切"命令。

2. 控件布局

利用"布局"工具栏中的按钮,可以方便地调整表单窗口中被选定控件的对齐方式、相对大小或位置。"布局"工具栏可以通过单击表单设计器工具栏上的"布局工具栏"按钮,或选择"显示"菜单中的"布局工具栏"命令来打开或关闭。

布局工具栏如图 9-9 所示,将鼠标指向某一按钮,在状态栏中有该功能的说明。

3. 设置 Tab 键次序

当表单运行时,用户可以按 Tab 键选择表单中的控件,使焦点在控件间移动。控件的 Tab 次序决定了选择控件的次序。Visual FoxPro 提供了两种方式来设置 Tab 键次序:交互方式和列表方法。可以通过下列方式来选择自己要使用的设置方式:

① 选择"工具"菜单中的"选项"命令,打开"选项"对话框。

② 选择"表单"选项卡。

③ 在"Tab 键次序"下拉列表框中选择"交互"或"按列表"。

在交互方式下,设置 Tab 键次序的步骤如下所述:

① 选择"显示"菜单中的"Tab 键次序"命令或单击"表单设计器"工具栏上的"设置 Tab 键次序"按钮,进入 Tab 键次序设置状态。此时,控件左上方出现深色小方块,称为 Tab 键次序盒,里面显示该控件的 Tab 键次序号码,如图 9-10 所示。

图 9-9 布局工具栏

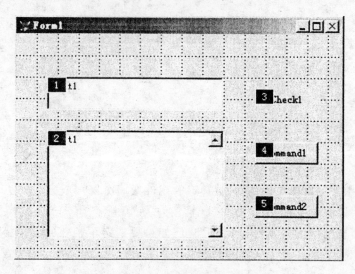

图 9-10 交互方式的 Tab 键次序设置

② 双击某个控件的 Tab 键次序盒,该控件将成为 Tab 键次序中的第一个控件。

③ 按希望的顺序依次单击其他控件的 Tab 键次序盒。

④ 单击表单空白处,确认设置并退出设置状态;按 Esc 键,放弃设置并退出设置状态。

在列表方式下,设置 Tab 键次序的步骤如下所述:

①选择"显示"菜单中的"Tab 键次序"命令或单击"表单设计器"工具栏上的"Tab 键次序"按钮,打开"设置 Tab 键次序"对话框。列表框中按 Tab 键次序显示各控件,如图 9-11 所示。

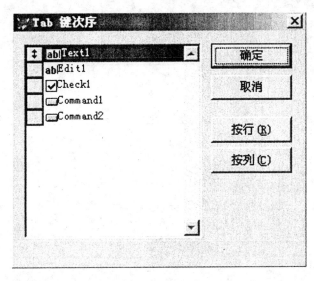

图 9-11　列表方式的 Tab 键次序设置

②通过拖动控件左侧的移动按钮移动控件,改变控件的 Tab 键次序。

③单击"按行"按钮,将各控件在表单上的位置从左到右、从上到下自动设置各控件的 Tab 键次序;单击"按列"按钮,将各控件在表单上的位置从左到右、从上到下自动设置各控件的 Tab 键次序。

9.2.3　设置数据环境

数据环境是表单的数据来源,包含了与表单交互作用的表和视图以及表之间的永久关系或临时关系。通常情况下,数据环境中的表或视图会随着表单的打开或运行而打开,并随着表单的关闭或释放而关闭。可以用数据环境设计器来设置表单的数据环境。

1. 数据环境的常用属性

数据环境是一个对象,有自己的属性、方法和事件。常用的两个数据环境属性是:Auto OpenTables 当运行或打开表单时,是否打开数据环境中的表或视图,默认值为 .t.;AutoCloseTables 当释放或关闭表单时,是否关闭数据环境中的表或视图,默认值为 .t.。

2. 打开数据环境设计器

在表单设计器环境下,单击"表单设计器"工具栏上的"数据环境"按钮,或选择"显示"菜单中的"数据环境"命令,即可打开"数据环境设计器"窗口,如图 9-12 所示,进入数据环境设计器环境。此时,系统菜单栏上将出现"数据环境"菜单。

3. 向数据环境添加表或视图

在数据环境设计器环境下,按下列方法向数据环境添加表或视图:

①选择"数据环境"菜单中的"添加"命令,或右键单击"数据环境设计器"窗口,然后在弹

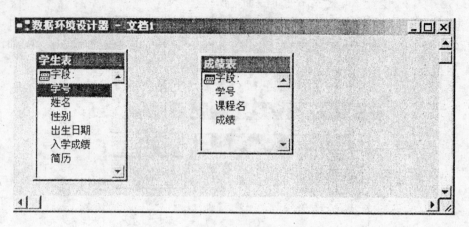

图 9-12 "数据环境设计器"窗口

出的快捷菜单中选择"添加"命令,打开"添加表或视图"对话框,如图 9-13 所示。如果数据环境原来是空的,那么在打开数据环境设计器时,该对话框会自动出现。

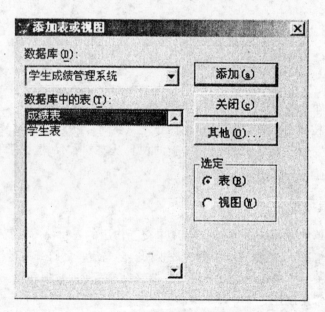

图 9-13 "添加表或视图"对话框

②选择要添加的表或视图并单击"添加"按钮。如果单击"其他"按钮,将调出"打开"对话框,用户可以从中选择需要的表。

4. 从数据环境移去表或视图

在数据环境设计器环境下,按下列方法从数据环境移去表或视图:
①在"数据环境设计器"窗口中,单击选择要移去的表或视图。
②选择"数据环境"菜单中的"移去"命令。

也可以用鼠标右键单击要移去的表或视图,然后在弹出的快捷菜单中选择"移去"命令,当表从数据环境中移去时,与这个表有关的所有关系也将随之消失。

5. 在数据环境中设置关系

如果添加到数据环境的表之间具有在数据库中设置的永久关系,这些关系也会自动添加到数据环境中。如果表之间没有永久关系,可以根据需要在数据环境设计器下为这些表设置关系。设置关系的方法很简单,只需要将主表的某个字段(作为关联表达式)拖动到子表的相匹配的索引标记上即可。如果子表上没有与主表字段相匹配的索引,也可以将主表字段拖动到子表的某个字段上,这时应该根据系统提示创建索引。

6. 在数据环境中编辑关系

关系是数据环境中的对象,它有自己的属性、方法和事件。编辑关系主要通过设置关系的属性来完成。要设置关系属性,可以先单击表示关系的连线选定关系,然后在"属性"窗口中选择关系属性并设置,也可以在选定关系后按 Delete 键删除关系。

7. 向表单添加数据

设置好表单的数据环境之后,接下来的工作就是向表单加入字段对象。Visual FoxPro 提供了很好的方法,允许用户从"数据环境设计器"窗口、"项目管理器窗口"或"数据库设计器"窗口中直接将字段、表或视图拖入表单,系统将产生相应的控件并与字段相联系。

默认情况下,如果拖动的是字符型字段,将产生文本框控件;如果拖动的是备注型字段,将产生编辑框控件;如果拖动的是表或视图,将产生表格控件。但用户可以选择"工具"菜单中的"选项"命令,打开"选项"对话框,然后在"字段映像"选项卡中修改这种映像关系。

9.3 表单常用控件

表单的设计离不开控件,控件使表单具有友好的界面和交互功能。若想较好地使用和设计表单,需要全面地了解控件的属性、方法和事件。本节将结合实例,系统介绍 Visual FoxPro 6.0 提供的标准控件。

9.3.1 应用初步

1. 标签控件(Label)

标签是最常用的一种控件,主要用来显示一段固定的文字信息。它没有数据源,把需要显示的字符串直接赋给标签的标题(Caption)属性就可以了。在运行表单时,不能在标签控件中直接编辑,但在程序中可以用"thisform.label1.caption = '字符串'"语句为 Caption 设置新的字符串标题。标签标题文本最多包含的字符数目是 256。

标签具有自己的一套属性、方法和事件,能够响应绝大多数鼠标事件。可以使用 TabIndex 属性为标签指定一个 Tab 次序,但标签并不能获得焦点,而是把焦点传递给 Tab 键次序中紧跟着标签的下一个控件。

标签控件的常用属性如表 9-3 所示。

表 9-3　　　　　　　　　　标签控件的常用属性

属性名称	说　明
Caption	标签的标题,用于显示提示信息
AutoSize	设置标签是否自动随着 Caption 属性的文本长度的增长而自动调整长度

续表

属性名称	说明
FontName	Caption 属性的文字所用字体的类型
FontSize	Caption 属性的文字所用字体的大小
WordWrap	指定当 Autosize 属性为 .T. 时,标签控件是沿纵向扩展还是沿横向扩展
BackStyle	指定标签对象背景是透明还是不透明
ForeColor	指定对象的前景颜色
Visible	指定对象是可见还是隐藏

说明:

①很多控件都有 Caption 属性,各个控件中的作用都相似,用来指定在控件标题中显示的文本。

②以 Font 开头的属性用于设置字体、大小及风格。例如:FontBold 属性指定字体是否为粗体;FontItalic 属性指定字体是否为斜体;FontSize 属性指定字体的大小等。

③当 Visible 属性为 F 时,在表单运行时这个控件就不会显示出来。但是不显示并不等于不存在,实际上仍然存在,只不过看不见它。

例 9.3 表单如图 9-14 所示,当用鼠标单击标签时,使标签的标题文本的大小写互换。

操作步骤如下:

①创建表单,然后在表单中添加一个标签控件。

②设置标签控件的 Caption 属性,如图 9-15 所示。

③双击标签,在代码窗口中设置 Click 事件代码:

if thisform.label1.caption = "THIS IS AN EXAMPLE"
   thisform.label1.caption = "this is an example"
else
   thisform.label1.caption = "THIS IS AN EXAMPLE"
endif

④运行表单,单击标签,执行结果如图 9-15 所示。

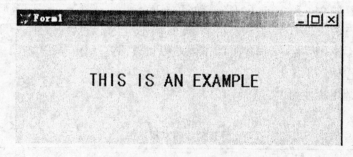

图 9-14 例 9.3 的示意图

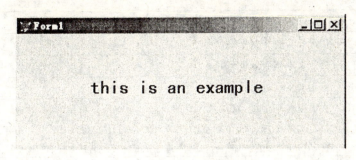

图 9-15　例 9.3 的示意图

2. 形状和线条控件 （Shape and Line）

形状和线条控件是给表单提供画简单图形工具的控件。
形状控件与线条控件常用属性如表 9-4、表 9-5 所示。

表 9-4　　　　　　　　　　　形状控件常用属性

属性名称	说　　　明
Curvature	形状控件的角的曲率。0 表示直角，99 表示圆，0~99 表示不同的形状
FillStyle	填充类型。确定是否是透明的，还是使用一种背景填充
SpecialEffect	特殊效果。确定是平面还是三维的。仅当 Curvature 为 0 有效

表 9-5　　　　　　　　　　　线条控件常用属性

属性名称	说　　　明
BorderWidth	线宽。设置线条的宽度
LineSlant	线条倾斜方向。该属性的有效值为正斜和反斜
BorderStyle	线型。0（透明）1（实线）2（虚线）3（点线）4（点画线）5（双点画线）6（内实线）

3. 文本框控件 （Text）

文本框是 Visual FoxPro 里一种常用的控件。文本框中的内容一般是与内存变量或字段变量相联系，用于输入或编辑对应变量的值，它一般包含一行数据。在文本框中可以输入任何字符型、数值型、逻辑型等其他非备注型数据，如果不曾为文本框用 Control Source 指定数据源，则默认输入类型为字符型，最大长度为 256 个字符。

文本框控件常用属性如表 9-6 所示。

表 9-6　　　　　　　　　　　文本框控件常用属性

属性名称	说　　　明
Alignment	指定文本框中内容的对齐方式
ControlSource	在文本框中显示表字段或变量的值
DateFormat	指定文本框中日期类型数据的显示格式
Enabled	指定文本框是否响应用户事件
FontSize	指定文本框中字体大小

续表

属性名称	说明
ForeColor	指定文本框中文字的颜色
BackColor	指定文本框背景的颜色
Name	指定文本框的名称
Value	文本框的当前值,默认值为空
PasswordChar	指定文本框控件内是显示用户输入的字符还是显示占位符,指定用作占位符的字符,默认值为空。如"*",则用户输入的字符都以"*"代替
ReadOnly	指定文本框是否只读状态
InputMask	指定如何在文本中输入和显示数据
Visible	指定文本框可见还是隐藏

说明:

①InputMask 属性决定了可以输入到文本框中字符的特性。例如:InputMask 属性设置为 999999.99,可限制用户只能输入具有两位小数并小于 1000000 的数值。

②在应用程序中,经常需要获得某些安全信息,例如:密码可以通过将 PasswordChar 属性设置为"*"或其他一般字符来完成这个任务。这时,文本框的 Value 和 Text 属性将保存用户的实际输入值,而对用户所按的每一个键都用一般字符来显示。

③ReadOnly 属性是用户可以看到文本框的内容,但是不允许修改。ReadOnly 属性不同于 Enabled 属性,因为当 ReadOnly 设置为真时,用户仍然可以移动到控件上。

9.3.2 按钮类控件

1. 命令按钮(Command)

几乎所有的表单中都要设置一个或多个命令按钮,用户通过鼠标单击命令按钮下达某种指令,让计算机完成响应的操作,如关闭表单等。

命令按钮控件常用属性如表 9-7 所示。

表 9-7 命令按钮常用属性

属性名称	说明
Default	Default 属性值为.T.的命令按钮称为"确认"按钮,默认值为.F.,一个表单内只能有一个"确认"按钮
Enabled	指定表单或控件能否响应由用户引发的事件
Visible	指定对象是否可见
Cancel	当该项为".T."时,回车时相当于按下"ESC"键
Name	指定命令按钮的名称

例 9.4 设计一个如图 9-16 所示的检验口令的表单。如果输入用户名和口令正确(假设用户名为 student,口令为 123456),就显示"欢迎使用!"提示信息,关闭表单;若不正确,就显示

"口令错误,请重新输入!";若错误次数超过三次,就显示"口令错误,登录失败!",关闭表单。

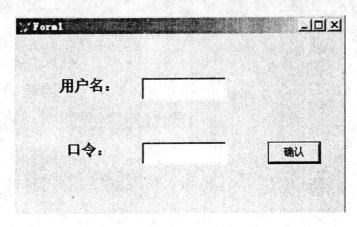

图 9-16 例 9.4 示意图

操作步骤如下(假设"用户名"文本框、"口令"文本框和"确认"命令按钮的 Name 属性值分别为 Text1、Text2 和 Command1):

① 创建一个表单,然后在表单上添加两个标签、两个文本框和一个命令按钮。

② 设置标签的 Caption 属性。

③ 设置 Text2 的 Inputmask 属性值,在设置框中直接输入 999999;设置 Passwordchar 属性值为"*"。

④ 设置 Command1 的 Default 属性值为.T.。

⑤ 从"表单"菜单中选择"新建属性"命令,在打开的"新建属性"对话框中输入新属性名称:newp,并在属性窗口中将其默认值设置为 0。

⑥ 设置"确认"命令按钮的 Click 事件代码如下:

```
    if thisform.text1.value = "student" and thisform.text2.value = "123456"
        messagebox("欢迎使用!")
        thisform.release
    else
        thisform.newp = thisform.newp + 1
    if thisform.newp = 3
        messagebox("口令错误,登录失败!")
        thisform.release
    else
        messagebox("口令错误,请重新输入!")
    endif
endif
```

运行表单,执行结果如图 9-17 所示。

例 9.5 设计一个如图 9-18 所示的表单,在球的半径文本框中输入半径,单击"计算"按钮输出球的体积;单击"退出"按钮则关闭表单。

操作步骤如下:

图 9-17　例 9.4 的示意图

①创建表单,然后在表单上添加两个标签、两个文本框和两个命令按钮。

②设置两个标签和两个命令按钮的 Caption 属性。

③设置文本框 Text1 的 InputMask 为"999.99",Value 为"0";设置文本框 Text2 的 InputMask 为"99999.99",Value 为"0",ReadOnly 为 .T.(只读),TabStop 为 .F.(光标移动时不会移到 Text2 上),DisabledBackColor 为"192,192,192"。

④设置"计算"(Command1)和"退出"(Command2)命令按钮的 Click 事件代码:

Command1 的 Click 事件代码:

r = thisform.text1.value

thisform.text2.value = 3.14 * r * r * r * 4/3

thisform.text1.setfocus

Command2 的 Click 事件代码:

Thisform.release

⑤设置表单的 Activate 事件代码:

thisform.text1.setfocus

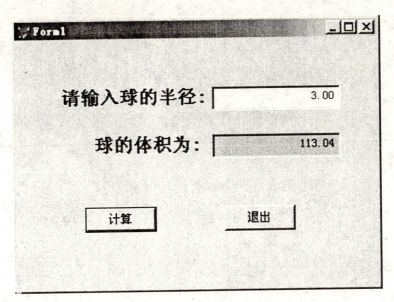

图 9-18 例 9.5 的示意图

意义是：一旦运行表单，首先把输入焦点移动到 Text1 控件上。

2. 命令按钮组（Commandgroup）

有时用户需要在表单上创建多个按钮，而这些按钮所执行的一系列命令又是彼此相关的，这时就要选择命令按钮组控件。命令按钮组是包含一组命令按钮的容器控件，它将预定义的命令组提供给用户，允许用户从一组指定的操作中选择一个，这在表单设计中经常用到。

在表单设计器中，为了选择命令按钮组中的某个按钮，以便为其单独设置属性、方法或事件，可采用以下两种方法：一是从属性窗口的对象下拉式组合框中选择所需的命令按钮；二是用鼠标单击命令按钮组，然后从弹出的快捷菜单中选择"编辑"，使得命令按钮组进入编辑状态，这时用户可以通过鼠标单击来选择某个具体的命令按钮。

命令按钮组常用属性如表 9-8 所示。

表 9-8 命令按钮组常用属性

属性名称	说 明
BackColor	指定命令按钮组的背景色
ButtonCount	设置命令按钮组中的选项按钮个数
Buttons	确定命令按钮组中的第几个选项按钮
Enabled	指定命令按钮组是否响应用户事件
Name	指定命令按钮组的名称
Value	确定已经被选中的按钮是按钮组中的哪一个按钮

3. 选项组 （Optiongroup）

选项组又称为选项按钮组,是包含多个选项按钮的一种容器。这些按钮互相排斥,用户只能从中选取一个,被选中的选项按钮会显示一个圆点。该控件常常用于在有限个选项中选择一个的场合,例如"性别"、"职称"等。

选项组常用属性如表 9-9 所示。

表 9-9　　　　　　　　　　　　选项组常用属性

属性名称	说　　明
ButtonCount	指定选项组中选项按钮的数目,默认值是 2
Value	指定选项组中哪个选项按钮被选中,属性值的类型可以是数值型、字符型
ControlSource	指明与选项组建立联系的数据源
Buttons	用来确定选项按钮组中的第一个选项按钮

说明:如果 Value 属性设置为字符型,则选项组的 Value 属性就是被选中的选项按钮的标题。

例 9.6　用表单设计一个选择题,如图 9-19 所示。当用户选择的答案为正确答案时,显示正确信息,否则显示错误信息。

操作步骤如下:

①创建表单,然后在表单上添加一个选项按钮组和两个标签控件(假设用来显示题目和提示信息的标签的 Name 属性值分别为 Label1 和 Label2)。

②设置 Label1 和 Label2 的 Caption 属性。

③设置 Optiongroup1 的 ButtonCount 属性为 4。用鼠标右键单击选项组控件,在弹出的快捷菜单中选择"编辑"命令,然后再分别单击每一个选项,设置其相应的 Caption 属性。

④设置选项组的 Click 事件代码:

```
if this.value = 4
    thisform.label2.caption = "正确,加 10 分!"
else
    thisform.label2.caption = "错误,减 10 分!"
endif
thisform.refresh
```

4. 复选框（Check）

复选框主要用于标记一个两值状态。用户可以单击复选框,当其中出现一个"对号"时表示逻辑条件为"真",否则为"假"。复选框往往与一个逻辑型字段或一个逻辑型变量相联系,当复选框的 ControlSource 属性为某一个逻辑型字段,且逻辑型字段为".T."时,则复选框被选中,否则未被选中。

复选框的常用属性如表 9-10 所示。

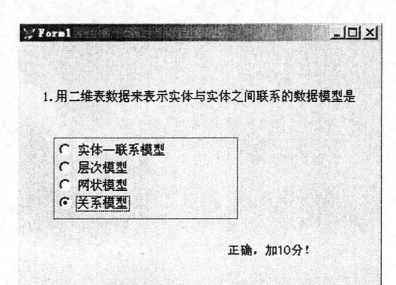

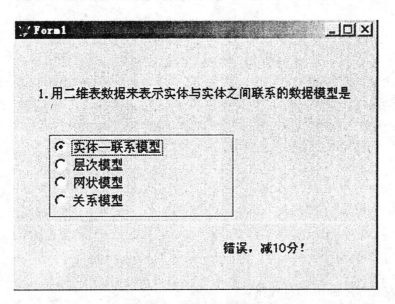

图 9-19　例 9.6 的示意图

表 9-10　　　　　　　　　　　复选框的常用属性

属性名称	说　　明
Caption	指定在复选框右边显示的文字
Value	指定复选框的当前状态，0 或 .F.（未被选中）1 或 .T.（被选中）2 或 .NULL.（不确定，只在代码中有效）
ControlSource	指明与复选框建立联系的数据源

例 9.7　设计一个如图 9-20 所示的表单，利用复选框设置文本框中字体风格。
操作步骤如下：

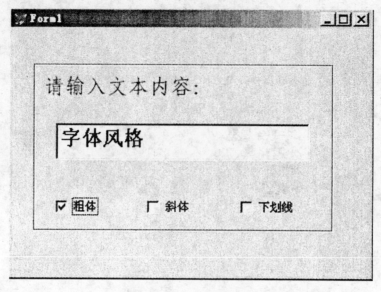

图 9-20 例 9.7 的示意图

①创建表单,然后在表单上添加一个标签、一个文本框、三个复选框和一个形状控件(假设粗体、斜体和下画线复选框的 Name 属性值分别为 Check1、Check2 和 Check3)。

②设置 Label1、Check1、Check2 和 Check3 的 Caption 属性。

③选中形状控件,选择"格式"菜单中的"置后"命令。

④设置 Check1、Check2 和 Check3 的 Click 事件代码:

Check1 的 Click 事件代码:

thisform. text1. fontbold = this. value

Check2 的 Click 事件代码:

thisform. text1. fontitalic = this. value

Check3 的 Click 事件代码:

thisform. text1. fontunderline = this. value

⑤设置表单的 Activate 事件代码:

this. text1. setfocus

5. 微调按钮（Spinner）

微调按钮是一种用来调整一定增量的按钮。在微调按钮控件中可以先设计一个初始值,然后通过调整来操作输入的数据。微调按钮没有生成器来帮助设置其属性。

微调按钮的常用属性如表 9-11 所示。

表 9-11　　　　　　　　　　　微调按钮的常用属性

属性名称	说明
ControlSource	数据控制源。可以是字段变量,也可以是内存变量
Increment	增量。用户每次单击向上或向下按钮所增加的值

属性名称	说明
KeyboardHighValue	键盘输入的最大值
KeyboardLowValue	键盘输入的最小值
SpinnerHighValue	用户单击向下按钮时,微调按钮能显示的最大值
SpinnerLowValue	用户单击向上按钮时,微调按钮能显示的最小值

9.3.3 框类控件

**1. 列表框 **

列表框提供一组条目(数据项),用户可以从中选择一个或多个条目。一般情况下,列表框显示其中的若干条目,用户可以通过滚动条浏览其他条目。

列表框的常用属性如表 9-12 所示。

表 9-12 列表框的常用属性

属性名称	说明
ColumnCount	指定列表框数据显示的列数
ControlSource	指定用户选择列表框中数据后储存的数据去向
Name	指定列表框的名称
RowSource	指定列表框数据的来源
RowSourceType	指定列表框属性 RowSource 的类型。RowSourceType 属性的取值范围及含义如表 9-13 所示。
Value	指定列表框的当前状态
List	用以存取列表框中数据条目的字符串数组
ListCount	指定列表框中数据条目的数目
Selected	指定列表框内的某个条目是否处于选定状态
MultiSelect	指定用户能否在列表框控件内进行多重选定。0 或 .F.(不允许多重选择)1 或 .T.(允许多重选择)

Row Source Type 属性的设置值如表 9-13 所示。

表 9-13 Row Source Type 属性的设置值

属性值	说明
0	无(默认值),有程序向列表项之中添加项
1	值,通过 RowSource 属性手工指定多个要在列表项中显示的值
2	表的别名,可以在列表中添加打开表的一个或多个字段的值

续表

属性值	说　　明
3	SQL 语句,将 SQL SELECT 查询语句的执行结果作为填充列表框
4	查询,用查询的结果填充列表框
5	数组,用数组中的项填充列表框
6	字段,指定一个字段或用逗号分隔的一系列字段值填充列表
7	文件,用当前目录下的文件来填充列表
8	结构,用 RowSource 属性中指定的表结构中的字段名来填充列表
9	弹出式菜单,用先前定义的弹出式菜单来填充列表

例 9.8　显示指定课程的相关信息,如图 9-21 所示。当用户在列表框中选择课程名后,显示该门课程的相应的信息。

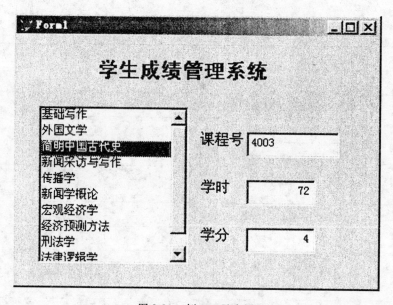

图 9-21　例 9.8 示意图

操作步骤如下:

①创建表单,然后在表单上添加一个列表框、四个标签和三个文本框控件。假设"学生成绩管理系统"、"课程号"、"学时"和"学分"标签的 Name 属性值分别是 Label1、Label2、Label3、Label4;"课程号"文本框、"学时"文本框和"学分"文本框的 Name 属性值分别是 Text1、Text2 和 Text3。

②选择"显示"菜单的"数据环境"命令,在打开的对话框中选择"课程"表。

③设置标签 Label1 的相关属性:

Alignment 2　Autosize .T.　Caption 学生成绩管理系统　Fontbold .T.
Fontname 黑体　Fontsize 16

④设置标签 Label2、Label3、Label4 的相关属性:

(以 Label2 为例,Label3、Label4 类似)
Alignment 2 Autosize .T. Caption 课程号 Fontsize 11
⑤设置文本框 Text1 、Text2、Text3 的相关属性:
(以 Text1 为例,Text2、Text3 类似)
ControlSource 课程.课程号
⑥设置列表框 List1 的相关属性:
RowSource 课程.课程名 RowSourceType 6
⑦设置列表框 List1 的 Interactivechange 事件代码:
thisform.refresh

2. 组合框 (Combo)

组合框与列表框类似,也是用于提供一组条目供用户从中选择。有两种不同类型的组合框,即下拉组合框和下拉列表框,它们的外观相同。

单击下拉组合框右侧的下拉按钮,将弹出一个选项列表,这时用户可以从中选择一个选项,也可以直接在文本框中输入新值。下拉列表框只允许用户从它的下拉列表中选择一个选项,而不允许用户在文本框中输入新值,但它节省表单空间,使当前选项在显示效果上更为突出。

组合框和列表框的主要区别在于:
①组合框通常只有一个条目是可见的。用户可以单击组合框的上下箭头按钮打开条目列表,以便从中选择。所以相比列表框,组合框能节省表单里的显示空间。
②组合框不提供多重选择的功能,没有 MultiSelect 属性。
③组合框有两种形式:下拉组合框和下拉列表框。

组合框的常见属性如表 9-14 所示。

表 9-14   组合框的常见属性

属性名称	说明
ControlSource	指定用户选择列表框中数据后储存的数据去向
DisplayCount	指定在列表中允许显示的最大数目
InputMask	对于下拉组合框,指定允许键入的数值类型
IncrementalSearch	指定当用户键入每一个字母时,控件是否和列表中的项匹配
RowSource	同列表框
RowSourceType	同列表框
Style	指定组合框是下拉列表框还是下拉组合框

前面提到的例 9.8 同样也可以用组合框实现,读者自己思考。

3. 编辑框 (Edit)

编辑框与文本框相似,也是用来输入和编辑数据。编辑框中允许编辑长字段或备注字段文本,允许自动换行并能用箭头键以及滚动条来浏览文本。

前面介绍的有关文本框的有关属性(不包括 PasswordChar、InputMask)对编辑框同样适用。

常见属性如表 9-15 所示。

表 9-15　　　　　　　　　　　编辑框的常见属性

属性名称	说　明
AllowTabs	是否允许在编辑框中使用 Tab 键
HideSelection	确定在编辑框没有获得焦点时,编辑框中选定的文本是否仍然显示为选定状态
ReadOnly	只读状态
ScrollBars	是否使用垂直滚动条
ControlSource	数据出处和存处
Value	用以保存编辑框中的内容
SelStart	用户在编辑框中所选文本的起始点位置或插入点位置(没有文本选定时)
SelLengh	用户在控件的文本输入区中所选定字符的数目
SelText	用户在编辑区内选定的文本

例 9.9　表单里包含一个编辑框 Edit1 和两个命令按钮 Command1（查找）和 Command2（更正），如图 9-22 所示。当用户单击查找按钮时,选择编辑框 Edit1 里的某个关键词,例如图像;单击更正按钮时,将选中的关键词进行更正。

操作步骤如下：
①创建一个表单,然后在表单上添加一个编辑框和两个按钮控件。
②设置编辑框的 HideSelection 属性值为.F.。
③设置两个命令按钮的 Caption 属性。
④设置命令查找按钮的 Click 事件代码：
n = at("图像",thisform.edit1.value)
if n < > 0
　　thisform.edit1.selstart = n-1
　　thisform.edit1.sellength = len("图像")
else
　　messagebox("没有找到需要修改的关键词!")
endif
⑤设置命令更正按钮的 Click 事件代码：
if thisform.edit1.seltext = "图像"
　　thisform.edit1.seltext = "图像"
else
messagebox("没有选择需要修改的关键词!")
endif

4. 页框（Pageframe）

页框是包含页面的容器对象,而页面本身也是一种容器。在一个表单中可以将问题划分

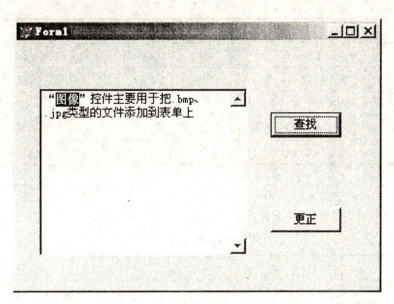

图 9-22 例 9.9 的示意图

为许多子问题,每个子问题放置在一个页面中,每个页面相当于一个表单,页面的效果与"选项卡"等效。

页框定义了页面的总体特征,包括大小、位置、边界类型以及哪页是活动的,等等。页框中的页面相对于页框的左上角定位,并随页框在表单中移动而移动。

页框的常用属性如表 9-16 所示。

表 9-16　　　　　　　　　　　页框的常用属性

属性名称	说　　明
Tabs	指定页框中是否显示页面标签栏
TabStyle	指定选项卡是否都是相同的大小,并且都与页框的宽度相同
PageCount	指明一个页框对象所包含页对象的数量
Pages	该属性是一个数组,用于存取页框中的某个页对象
TabStretch	指明是多重行还是单行
ActivePage	返回页框中活动页的页号,或使页框中的指定页成为活动的

5. 网格 (Grid)

网格控件是一个很有用的控件,可以以表格的方式显示记录,在网格控件中可以省略记录导航操作。网格控件具有许多属性,每列也具有许多属性。常用网络属性如表 9-17 所示。

表9-17　　　　　　　　　　网格控件常用属性

属性名称	说明
ChildOrder	子表主控索引标识
ColumnCount	网格列数
LinkMaster	网格子记录中的父表
RecordSource	记录源,网格中显示的数据
RecordSourceType	记录源类型

常用列的属性如表9-18所示。

表9-18　　　　　　　　　　网格控件常用属性

属性名称	说明
ControlSource	控制源
Sparse	如果设置为Sparse=.T.,网格中的控件只有在列中的单元格被选中时才显示为控件(列中其他单元格仍以文本形式显示)
CurrentControl	列控件类型,默认值为Text1,即文本框类型

9.3.4 其他控件

1. 图像控件 (Image)

为了美化表单,往往需要在表单上显示一幅图像。图像控件主要用于把.bmp、jpg、gif类型的文件添加到表单上,"图像"控件可以在程序运行的动态过程中加以改变。

图像控件的常用属性如表9-19所示。

表9-19　　　　　　　　　　图像控件的常用属性

属性名称	说明
Picture	图像文件名
BorderStyle	边界风格。指定是否需要边框,默认值为0,表示无边框
Stretch	填充方式。0(剪裁,超出图像框给定的部分被裁掉)1(等比填充,保持图像的原有比例填充)2(变比填充,使得图像正好放在图像框内)

例9.10 表单里有一个图像控件和两个命令按控件,如图9-23所示。当用户单击"显示图片"按钮时,显示图片;单击"退出"按钮时关闭表单(假设"显示图片"按钮和"退出"按钮的Name属性值分别为Command1和Command2)。

操作步骤如下:
①创建一个表单,然后在表单上添加一个图像和两个命令按钮。
②设置两个命令按钮的Caption属性。

③设置图像控件的 Stretch 属性值为 1——等比填充。
④设置 Command1 的 Click 事件代码:
thisform.image1.picture = getfile("jpg","图片")
注:getfile()函数显示"打开"对话框,并返回选定文件的名称。
⑤设置 Command2 的 Click 事件代码:
thisform.release

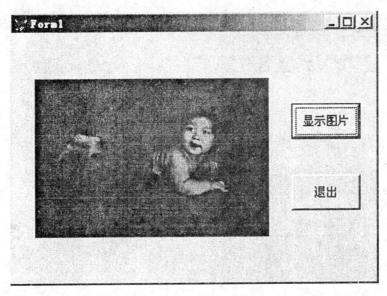

图 9-23 例 9.10 的示意图

2. 计时控件 (Timer)

计时控件允许在指定时间内执行操作或检查数据。它通过检查系统时钟,确定是否到了该执行某一任务的时间。计时控件与用户的操作独立,它是后台执行的一种控件。需要注意的是,在表单设计时,计时器在表单中是可见的,但运行时,计时器是不可见的,因而它的位置和大小是无关紧要的。

计时器的常用属性如表 9-20 所示。

表 9-20   计时器的常用属性

属性名称	说 明
Enabled	指定计时器是否开始工作
Interval	指定两个 Timer 事件之间时间间隔的毫秒数,范围在 0 ~ 2147483647(596.5 小时,超过 24 天)之间
Timer 事件	当经过 Interval 属性所指定的毫秒数后触发该事件

例 9.11 设计一个显示系统当前时间的表单,如图 9-24 所示。
操作步骤如下:
①创建一个表单,然后在表单上添加一个标签、一个文本框和一个计时器控件。

②设置标签 Label1 的相关属性：
Caption 系统时间：FontSize 12　AutoSize .T.
③设置标签 Text1 的 Alignment 属性为 2——中间。
④设置标签 Timer1 的 Interval 属性为 200。
⑤设置标签 Form1 的 Height 属性为 160。
⑥设置计时器的 Timer 事件的代码为：
thisform.text1.value = time( )
thisform.refresh

图 9-24　例 9.11 示意图

当表单运行时,文本框显示系统当前时间。读者可以思考如何应用计时器控件来设计一个计时表单。

3. 超级链接控件 (Hyperlink)

可以通过"超级链接"控件链接到 Internet 或 Intranet 的目标地址上,从而进入网络。超级链接控件也是一个运行时不可视的控件。使用该控件是通过启动一个超级链接所知道的应用程序 Navigate To( ) 来实现的。

9.4　表单设计举例

前面我们介绍了表单常用控件的属性、方法和事件以及使用,从列举的简单例子可以看出,表单设计一般需要以下几个步骤：
①根据任务要求设计界面,选择合适的控件；
②设置各个控件的相关属性,如果是与表相关的表单设计,需要指定相应控件的数据源；
③编写控件的事件代码和方法程序。
本节通过举例来进一步说明表单程序设计的方法和步骤。

例 9.12　用表单设计一个拍球游戏,如图 9-25 所示。当表单运行时,球静止不动,用户单击"开始"按钮后,球从上而下落下,当球到达表单底部时自动弹回,当球到达表单顶部时再次自动落下,如此反复,直到退出表单。

操作步骤如下：

①创建表单,然后在表单上添加两个命令按钮、一个形状控件和一个计时器控件(假设"开始"按钮和"退出"命令按钮的 Name 属性值分别是 Command1 和 Command2)。
②设置形状控件的相关属性:
Curvature 99   FillColor 0,255,0   FillStyle 0-实线
③设置两个命令按钮的 Caption 属性。
④设置 Timer1 的相关属性:
Enabled F. Interval 200
⑤为表单新建一个属性 bottom,用来测试小球是否到达表单的底部,初值为.F.。
⑥设置计时器的 timer 事件代码:
if thisform.shape1.top + thisform.shape1.height > = thisform.height
　　thisform.bottom = .t.
　　endif

if thisform.bottom
　　thisform.shape1.top = thisform.shape1.top + 20
else
　　thisform.shape1.top = thisform.shape1.top-20
endif

if thisform.shape1.top < 0
　　thisform.bottom = .f.
endif
⑦设置"开始"按钮的 click 事件代码:
thisform.timer1.enabled = .t.
⑧设置"退出"按钮的 click 事件代码:
thisform.release

例 9.13　设计名为 form_book 的表单(控件名为 form1,文件名为 form_book),表单的标题设为"图书情况统计"。表单中有一个"组合框"(名称为 combo1)、一个文本框(名称为 text1)和两个命令按钮"统计"(名称为 command1)及"退出"(名称为 command2)。

运行表单时,组合框中有三个条目"清华"、"电子"和"武大"(只有三个出版社名称,不能输入新的)可供选择,在组合框中选择出版社名称后,如果单击"统计"命令按钮,则文本框显示出"图书"表中该出版社图书的总数。单击"退出"按钮关闭表单。

假设有一个表文件图书.dbf,内容如下:

记录号	编号	书名	出版社	单价
1	113388	高等数学	清华大学出版社	24.00
2	445501	数据库导论	武汉大学出版社	32.90
3	332211	计算机基础	高等教育出版社	27.90
4	998877	Visual FoxPro 6.0	电子工业出版社	23.00
5	456788	操作系统原理	电子工业出版社	28.60
6	456728	操作系统概论	高等教育出版社	25.00

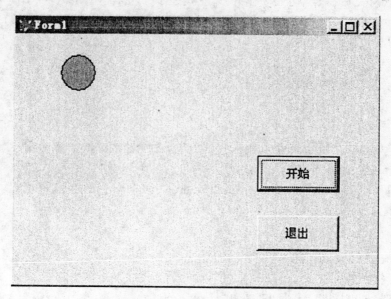

图 9-25 例 9.12 的示意图

7	375666	计算机网络	清华大学出版社	21.00
8	245682	计算机原理	武汉大学出版社	37.00
9	112233	C 程序设计	电子工业出版社	25.00
10	445566	大学英语	武汉大学出版社	22.00

操作步骤如下：
①创建一个表单，然后在表单上添加一个组合框、一个文本框、两个标签和两个命令按钮。
②选择"显示"菜单中的"数据环境"命令，向数据环境添加"图书"表。
③设置表单的 Caption 属性为"图书情况统计"。
④设置两个标签和两个命令按钮的 Caption 属性。
⑤设置组合框的相关属性：
RowSourceType 1 RowSource 清华出版社,电子工业出版社,武汉大学出版社
Style 2
⑥设置"统计"按钮的 Click 事件代码：
select 图书
locate for 出版社 = thisform.combo1.displayvalue
sum = 0
do while .not. eof( )
　　sum = sum + 1
　　continue
enddo
thisform.text1.value = sum
⑦设置"退出"按钮的 Click 事件代码：
thisform.release

⑧保存表单,文件名为 form_book。表单运行界面如图 9-26 所示。

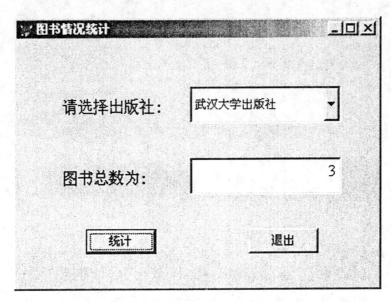

图 9-26　例 9.13 的示意图

读者需要注意的是,在"统计"按钮的 Click 事件代码中,不能使用 use 命令打开图书表,因为数据环境中的表都处于打开状态,而是使用 select 命令来选择表。

例 9.14　创建一个浏览学生数据的表单,如图 9-27 所示。

表单刚运行时,显示第一条记录,并且"上一条"命令按钮变灰;当记录指针移动到表头时,"上一条"命令按钮变灰;当记录指针移动到表尾时,"下一条"记录命令按钮变灰;其他时候命令按钮都处于可用状态。

图 9-27　例 9.14 的示意图

操作步骤如下:

①创建一个表单,然后在表单中添加五个标签、四个文本框、一个复选框和三个命令按钮控件。

②选择"显示"菜单中的"数据环境"命令,向数据环境添加"学生"表。

③设置五个标签和三个命令按钮的 Caption 属性。

④设置四个文本框和复选框的 ControlSource 属性。

⑤设置"上一条"命令按钮的 Click 事件代码:

skip-1

if bof( )

  thisform.command1.enabled = .f.

endif

if ! eof( )

  thisform.command2.enabled = .t.

endif

thisform.refresh

⑥设置"下一条"命令按钮的 Click 事件代码:

skip

if eof( )

  skip-1

  thisform.command2.enabled = .f.

endif

if ! bof( )

  thisform.command1.enabled = .t.

endif

thisform.refresh

⑦设置"关闭"命令按钮的 Click 事件代码:

thisform.release

⑧设置 form1 的 Activate 事件代码:

thisform.command1.enabled = .f.

例 9.15 设置一个倒计时计时器,如图 9-28 所示。能够设置倒计时的时间,并进行倒计时。

操作步骤如下:

①创建一个表单,然后在表单上创建一个标签、一个文本框、一个计时器和两个命令按钮。假设"开始"和"退出"命令按钮的 Name 属性名分别为 Command1 和 Command2。

②设置标签以及两个命令按钮的 Caption 属性。

③选择"表单"菜单的"新建属性"命令,向表单添加一个属性 se,初值为 0,它用来保存用户指定的时间的总秒数。

④设置计时器的相关属性:

Interval 1000(即计时器触发 timer 事件的时间间隔为 1 秒) Enabled .f.

⑤设置"开始"命令按钮的 Click 事件代码:

thisform.timer1.enabled = .t.

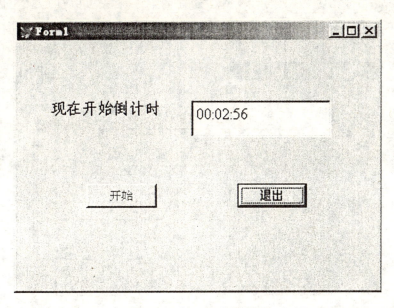

图 9-28　例 9.15 的示意图

thisform. se = val(thisform. text1. value) * 60
thisform. command1. enabled = . f.
thisform. refresh
⑥设置"退出"命令按钮的 Click 事件代码：
thisform. release
⑦设置计时器 Timer 事件代码：
thisform. se = thisform. se-1
s = thisform. se
if s < 0
　　messagebox("时间到!",0,"提示信息")
　　thisform. command1. enabled = . t.
　　this. enabled = . f.
else
　　h = int(s/3600)
　　m = int((s-h * 3600)/60)
　　s = s-h * 3600-m * 60
　　hh = iif(h < 10,"0" + str(h,1) ,str(h,2))
　　mm = iif(m < 10,"0" + str(m,1) ,str(m,2))
　　ss = iif(s < 10,"0" + str(s,1) ,str(s,2))
　　thisform. text1. value = hh + ":" + mm + ":" + ss
endif
thisform. refresh

例 9.16　设计一个成绩查询表单,如图 9-29 所示。当输入学生姓名并单击"查询"按钮时,会在表单右边的表格内显示该学生所选课程的成绩,并在左边相应的文本框内显示平均成绩。单击"退出"按钮将关闭表单。

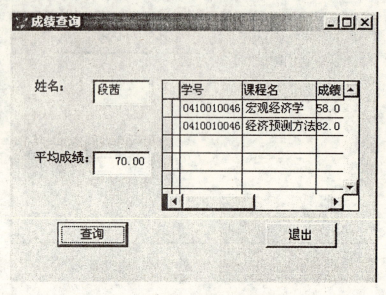

图 9-29 例 9.16 的示意图

操作步骤如下:

①创建一个表单,然后在表单上添加两个标签、两个文本框、一个网格和两个命令按钮控件。

②设置表单的 Caption 属性为成绩查询。

③设置两个标签和两个命令按钮的 Caption 属性。

④设置网格的相关属性:

ColumnCount 3 RecordSourceType 4-SQL 说明

⑤选定网格控件,单击右键,在出现的快捷菜单中选择"编辑"命令。将网格内的三个列标头的 Caption 属性分别设置为"学号"、"课程名"和"成绩",并调整列的宽度。

⑥设置表单的 load 事件代码和 unload 事件代码:

load 事件:

open database 学生成绩管理系统

use 学生表 in 0

use 成绩表 in 0

unload 事件:

close database

⑦设置"查询"按钮的 click 事件代码:

thisform.grid1.recordsource = " select 成绩表.学号,成绩表.课程名,成绩表.成绩;

from 学生表,成绩表 where 学生表.学号 = 成绩表.学号;

and 学生表.姓名 = alltrim(thisform.text1.value) into cursor lsb"

select avg(成绩) as avgcj from lsb into cursor lsb1

```
select lsb1
go top
thisform.text2.value = avgcj
use
```
⑧设置"退出"按钮的 Click 事件代码：
```
thisform.release
```
例 9.17 设计名为 mystock 的表单（控件名、文件名均为 mystock），表单的标题为"股票持有情况"。表单中有两个文本框（Text1 和 Text2）和两个命令按钮"查询"（名称为 Command1）和"退出"（名称为 Command2）。运行表单时，在文本框 Text1 中输入某一股票的汉语拼音，然后单击"查询"，则 Text2 中会显示出相应股票的持有数量。单击"退出"按钮关闭表单。

①创建表单，然后在表单上添加两个标签、两个文本框和两个命令按钮控件。

②设置表单的相关属性：

Name mystock Caption 股票持有情况

③设置标签以及命令按钮的 Caption 属性。

④设置"查询"命令按钮的 Click 事件代码：
```
select stock_sl.持有数量 from stock_name,stock_sl;
where stock_name.股票代码 = stock_sl.股票代码;
and stock_name.汉语拼音 = alltrim(thisform.text1.value) into array temp
thisform.text2.value = temp
```
⑤设置"退出"命令按钮的 Click 事件代码：
```
thisform.release
```

9.5 表单集与多重表单

大多数的应用程序都有多个不同的用户界面，这就是多个表单的使用。如果在程序中同时出现的表单之间存在频繁的信息交流，可以使用"表单集"来组织表单。如果表单之间存在调用关系，可以利用"多重表单"。

9.5.1 表单集

扩展用户界面可以使用表单集（FormSet）。一个表单集包含多个表单，可以把这些表单作为一个组进行操作。表单集有如下特点：

- 可以同时显示或隐藏表单集中的全部表单。
- 可以可视地调整多个表单以控制它们的相对位置。
- 因为表单集中所有表单都是在单个 scx 文件中用单独的数据环境定义的，可以自动地同步改变多个表单中的记录指针。如果在一个表单的主表单中改变记录指针，另一个表单中子表的记录指针则被更新和显示。

1. 创建表单集

创建一个表单集，具体操作如下：

①选择"文件"菜单中的"新建"菜单项，在打开的"新建"对话框中选择"表单"文件类型，然后单击"新建文件"按钮。

②选择"表单"菜单中的"创建表单集"菜单项。

表单集是一个包含有一个或多个表单的容器,该容器不可见。创建表单集以后,该表单集中包含原有的一个表单,可以向表单集中添加新的表单或删除表单。

若要向表单集中添加新的表单,选择"表单"菜单中的"添加新表单"菜单项。若要从表单集中删除表单,首先选定要删除的表单,然后选择"表单"菜单中的"移除表单"菜单项。

如果表单集中只有一个表单,则无法删除该表单,只可删除表单集而只剩下单个的表单。

若要删除表单集,选择"表单"菜单中的"移除表单集"菜单项。

2. 表单集的应用

例 9.18 用表单集设计一个电子标题板,如图 9-30 所示。在编辑框中输入标题板的内容,选项组控制标题板的移动方式。

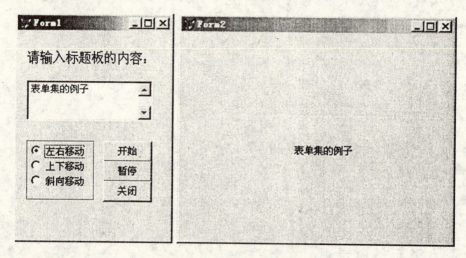

图 9-30 例 9.18 的示意图

操作步骤如下:

①创建表单 Form1,然后在表单上添加一个标签、一个编辑框、一个选项组和三个命令按钮控件。假设标签、编辑框、选项组的 Name 属性值分别为 Label1、Edit1、OptionGroup1,"开始"、"暂停"、"关闭"命令按钮的 Name 属性值分别为 Command1、Command2、Command3。

②创建表单集,选择"表单"菜单中的"创建表单集"菜单项,创建一个包含原有表单 Form1 的表单集 FormSet1。

③创建表单 Form2,选择"表单"菜单中的"添加新表单"菜单项,然后在表单上添加一个标签和一个计时器控件。假设标签和计时器的 Name 属性值分别为 Label1、Timer1。

④设置控件的相关属性。

⑤为表单集新建一个方法程序 yidong。

⑥设置自定义方法 yidong 的代码:

do case

    case this.tag = "1"

        this.form2.label1.move(this.form2.label1.left-3,this.form2.label1.top-3)

        if this.form2.label1.left <= 0

```
        this.tag = "2"
    else
        if this.form2.label1.top < = 0
            this.tag = "4"
        endif
    endif

case this.tag = "2"
    this.form2.label1.move(this.form2.label1.left + 3, this.form2.label1.top-3)
    if this.form2.label1.left > = (this.form2.width-this.form2.label1.width)
        this.tag = "1"
    else
        if this.form2.label1.top < = 0
            this.tag = "3"
        endif
    endif

case this.tag = "3"
    this.form2.label1.move(this.form2.label1.left + 3, this.form2.label1.top + 3)
    if this.form2.label1.left > = (this.form2.width-this.form2.label1.width)
        this.tag = "4"
    else
        if this.form2.label1.top > = (this.form2.height-this.form2.label1.height)
            this.tag = "2"
        endif
    endif

case this.tag = "4"
    this.form2.label1.move(this.form2.label1.left-3, this.form2.label1.top + 3)
    if this.form2.label1.left < = 0
        this.tag = "3"
    else
        if this.form2.label1.top > = (this.form2.height-this.form2.label1.height)
            this.tag = "1"
        endif
    endif
endcase
```

⑦设置表单集的 Activate 事件代码:
this.tag = "1"

⑧设置表单 Form1 中编辑框的 KeyPress 事件代码：
lparameters nkeycode, nshiftaltctrl
if nkeycode = 13
  thisformset.form2.label1.caption = this.value
endif
⑨设置"开始"按钮的 click 事件代码：
thisformset.form2.timer1.enabled = .t.
⑩设置"暂停"按钮的 click 事件代码：
thisformset.form2.timer1.enabled = .f.
⑪设置"关闭"按钮的 click 事件代码：
thisformset.release
⑫设置计时器的 Timer 事件代码：
n = thisformset.form1.optiongroup1.value
do case
 case n = 1
  if thisform.label1.left + thisform.label1.width > 0
   thisform.label1.left = thisform.label1.left-5
  else
   thisform.label1.left = thisform.width
  endif

 case n = 2
  if thisform.label1.top + thisform.label1.height > 0
   thisform.label1.top = thisform.label1.top-5
  else
   thisform.label1.top = thisform.height
  endif

 case n = 3
  thisformset.yidong( )
endcase

9.5.2 多重表单

1. 表单的类型

Visual FoxPro 的表单有以下几种类型：

(1) 子表单

包含在另一个窗口中，用于创建多文档界面应用程序的表单。子表单不可移至主表单边界之外，当其最小化时将显示在主表单的底部。若主表单最小化，则子表单也一同最小化。

(2) 浮动表单

浮动表单属于主表单的一部分，但并不包含在主表单中。而且浮动表单可以被移至屏幕的任何位置,但不能在主表单的后台移动。若将浮动最小化,它将显示在桌面的底部。若主表单最小化,则浮动表单也一同最小化。浮动表单也可用于创建多文档界面应用程序。

(3) 顶层表单

顶层表单是没有主表单的独立表单,用于创建一个单文档界面应用程序或用做多文档界面应用程序中其他子表单的主表单。顶层表单与其他 Windows 应用程序同级,可出现在其前台或后台,并且显示在 Windows 任务栏中。

无论哪种类型的表单,都应单独设计完成以后才能使用。子表单或浮动表单要由主表单用 DO 命令调用,而主表单的使用则与独立表单相同。

2. 主从表单之间的参数传递

主表单在调用子表单时,使用 DO 命令的下列格式,可以实现主从表单之间的参数传递。

(1) 接受从子表单返回的值

命令格式为:DO FORM <子表单名> TO <内存变量>

从子表单返回的值存放于<内存变量>中,在主表单中可以被使用。

(2) 主表单向子表单传递数据

命令格式为:DO FORM <表单文件名> WITH <实参表>

在子表单的 Init 事件代码中应该用如下代码来接受数据:

PARAMETERS <形参表>

<实参表>与<形参表>中的参数应用逗号分隔,<形参表>中的参数数目不能少于<实参表>中的参数数目,多余的参数变量将取逻辑假。

(3) 主表单与子表单相互传递数据

命令格式为:DO FORM <表单文件名> WITH <实参表> TO <内存变量>

3. 隐藏 Visual FoxPro 主窗口

在运行顶层表单时,如果不希望显示 Visual FoxPro 的主窗口,有下列两种方法可以隐藏其主窗口。

(1) 利用 Visible 属性

可以利用应用程序对象的 Visible 属性按要求隐藏或显示 Visual FoxPro 主窗口。在表单的 Init 事件中,包含下列代码:

application.visible = .f.

在表单的 Destroy 事件中,包含下列代码:

application.visible = .t.

(2) 使用配置文件

在配置文件中包含下行,可以隐藏 Visual FoxPro 主窗口:

screen = off

9.6 小结

表单(Form)是 Visual FoxPro 中最常见的界面,各种对话框和窗口都是表单的不同表现形式,设计良好的界面可以指导用户如何使用应用程序。

读者在掌握标准的面向过程的结构化程序设计的基础上,通过本章的学习应初步掌握面向对象程序设计。

本章内容要点：

1. 熟悉表单的创建与管理操作。
2. 熟悉各种常用控件对象的使用方法。
3. 了解表单集与多重表单。

9.7 习题

一、选择题

1. 要改变表单上表格对象中当前显示的列数，应设置表格的（　　）
   A. ControlSource 属性
   B. RecordSource 属性
   C. ColumnCount 属性
   D. Name 属性

2. 将正在运行的 Visual FoxPro 表单从内存中释放的正确语句是（　　）
   A. ThisForm.Close
   B. ThisForm.Release
   C. ThisForm.Clear
   D. ThisForm.Refresh

3. 在表单设计阶段，以下说法不正确的是（　　）
   A. 拖动表单上的对象，可以改变该对象在表单上的位置
   B. 拖动表单上对象的边框，可以改变该对象的大小
   C. 通过设置表单上对象的属性，可以改变对象的大小和位置
   D. 表单上对象一旦建立，其位置和大小均不能改变

4. 在表单设计器的属性窗口中设置表单或其他控件对象的属性时，以下叙述正确的是（　　）
   A. 以斜体字显示的属性值是只读属性，不可以修改
   B. "全部"选项卡中包含了"数据"选项卡中的内容，但不包含"方法程序"选项卡中的内容
   C. 表单的属性描述了表单的行为
   D. 以上都正确

5. 在 Visual FoxPro 中，表单是指（　　）
   A. 数据库中表的清单
   B. 一个表中的记录清单
   C. 窗口界面
   D. 数据库查询结果的列表

6. 对对象的 Click 事件的正确叙述是（　　）
   A. 用鼠标双击对象时引发
   B. 用鼠标单击对象时引发
   C. 用鼠标左键双击对象时引发
   D. 用鼠标右键单击对象时引发

7. Visual FoxPro 6.0 中创建表单的命令是(　　)

   A. CREATE FORM

   B. CREATE ITEM

   C. NEW ITEM

   D. NEW FORM

8. 新创建的表单默认标题为"Form1",为把表单标题改变为"欢迎",应设置表单的(　　)

   A. Name 属性

   B. Caption 属性

   C. Closable 属性

   D. AlwaysOnTop 属性

9. 修改表单 MyForm 的正确命令是(　　)

   A. MODIFY COMMAND MyForm

   B. MODIFY FORM MyForm

   C. DO MyForm

   D. EDIT MyForm

二、填空题

1. 已知表单文件名 myform.scx,表单备注文件名 myform.sct。运行这个表单的命令是_____。

2. 对象的_____描述了对象的状态。

3. 用来确定复选框是否被选中的属性是_____。

4. 能够将表单的 Visible 属性设置为 T,并使表单成为活动对象的方法是_____方法。

5. 用来设置复选框标题(显示在复选框旁边的文字)的属性是_____。

第10章 菜单设计

通过本章的学习,了解 Visual FoxPro 6.0 中菜单的结构,学习如何为顶层表单设计菜单,以及设计快捷菜单的方法,要求熟练掌握使用菜单设计器设计下拉式菜单的步骤。

在应用程序中,用户最先接触到的是应用程序中的菜单系统,菜单系统设计的好坏不仅反映了应用程序中的功能模块组织水平,同时也反映了应用程序的用户友善性。由于菜单系统的设计在应用程序中往往都不是技术难点,因而在实际应用中经常被忽视,为此,Visual FoxPro 6.0 中提供了菜单设计器,以便帮助用户建立起高质量的菜单系统。

1. 菜单的基本概念及其结构

学习如何设计菜单之前,我们首先了解几个基本的概念。

- 菜单:由一系列命令或文件名组成的清单列表。
- 菜单栏:位于窗体上部,包括各菜单名的一条水平形区域。
- 菜单项:位于菜单上的菜单命令或文件名。可以使用菜单设计器为应用程序创建或定义菜单项。
- 菜单标题:位于菜单栏上用以表示菜单的一个单词、短语或图标。选择菜单标题可以拉下菜单。
- 菜单系统:由菜单栏、菜单、菜单项和菜单标题组成的集合。

Visual FoxPro 6.0 支持两种类型的菜单:条形菜单和弹出式菜单。每个条形菜单都有一个内部的名字和一组菜单选项,每个菜单选项都有一个名称(或标题)和内部名字。每一个弹出式菜单也有一个内部名字和一组菜单选项,每个菜单选项则有一个名称(或标题)和选项序号。菜单项的名称显示与屏幕供用户识别,菜单及菜单项的内部名字或选项序号则用于在代码中引用。每个菜单项都可以有选择地设置一个热键和一个快捷键。热键通常是一个字符,当菜单被激活时,可以按菜单项的热键快速选择该菜单项。快捷键通常是 Ctrl 键和另一个字符键组成的组合键,不管菜单是否激活,都可以通过快捷键选择相应的菜单选项。

2. 系统菜单

VFP 系统菜单是一个典型的菜单系统,其主菜单是一个条形菜单,条形菜单中常见的选项的名称及内部名字如表 10-1 所示。

条形菜单本身的内部名字为_MSYSMENU,也可以看做是整个菜单系统的名字。

选择条形菜单中的每一个菜单项都会激活一个弹出式菜单,各弹出式菜单的内部名字如表 10-2 所示。"编辑"菜单中常用选项的选项名称和内部名字如表 10-3 所示。

通过 SET SYSMENU 命令可以允许或者禁止在程序执行时访问系统菜单,也可以重新配置系统菜单,命令的格式为:

SET SYSMENU ON | OFF | AUTOMATIC | TO [弹出式菜单名表]
　　| TO [条形菜单项名表] | TO [DEFAULT] | SAVE | NOSAVE

其中,各参数的含义如下:

表 10-1　主菜单（_MSYSMENU）常见选项

选项名称	内部名字
文　件	_MSM_FILE
编　辑	_MSM_EDIT
显　示	_MSM_VIEW
工　具	_MSM_TOOLS
程　序	_MSM_PROG
窗　口	_MSM_WINDO
帮　助	_MSM_SYSTM

表 10-2　弹出式菜单的内部名字

选项名称	内部名字
"文件"菜单	_MFILE
"编辑"菜单	_MEDIT
"显示"菜单	_MVIEW
"工具"菜单	_MTOOLS
"程序"菜单	_MPROG
"窗口"菜单	_MWINDOW
"帮助"菜单	_MSYSTEM

表 10-3　"编辑"菜单（_MEDIT）常用选项

选项名称	内部名字
撤　销	_MED_UNDO
重　做	_MED_REDO
剪　切	_MED_CUT
复　制	_MED_COPY
粘　帖	_MED_PASTE
清　除	_MED_CLEAR
全部选定	_MED_SLCTA
查找…	_MED_FIND
替换…	_MED_REPL

ON｜OFF：**允许｜禁止**程序执行时访问系统菜单。
AUTOMATIC：可使系统菜单显示出来，可以访问系统菜单。
TO 弹出式菜单名表：重新配置系统菜单，以内部名字列出可用的弹出式菜单。
TO 条形菜单项名表：重新配置系统菜单，以条形菜单项内部名表列出可用的子菜单。

TO DEFAULT:将系统菜单恢复为缺省配置。

SAVE:将当前的系统菜单配置指定为缺省配置。

NOSAVE:将缺省配置恢复成 Visual FoxPro 系统菜单的标准配置。要将系统菜单恢复成标准配置,可先执行 SET SYSMENU NOSAVE 命令,然后执行 SET SYSMENU TO DEFAULT 命令。

不带参数的 SET SYSMENU TO 命令将屏蔽系统菜单,使系统菜单不可用。

10.1 下拉式菜单设计

下拉式菜单是一种最常见的菜单。用 Visual FoxPro 6.0 提供的菜单设计器可以方便地进行下拉式菜单的设计。菜单设计器的功能有两个:一是为顶层表单设计下拉式菜单;二是通过定制 Visual FoxPro 6.0 系统菜单建立应用程序的下拉式菜单。

1. 设计菜单的步骤

创建一个完整的菜单系统通常要包括下述步骤:

①规划系统,确定需要有哪些菜单项、出现在界面的何处以及哪几个菜单要有子菜单等;

②用菜单设计器创建菜单及子菜单;

③制定菜单选项所要执行的任务,例如显示表单或对话框等,此外如果需要,还可以包括初始化代码或清理代码;

④选择"预览"按钮预览菜单系统;

⑤在"菜单"菜单上选择"生成"命令,生成菜单程序及运行菜单程序,对菜单系统进行测试;

⑥在"程序"菜单中选择"生成"命令,然后选择已生成的菜单程序来运行。

2. 使用菜单设计器创建菜单系统

用户可以使用如下几种方法打开菜单设计器:

• 从"常用"工具栏上单击"新建"按钮,从文件类型列表中选择"菜单"选项,然后单击"新建文件"按钮,如图 10-1 所示。

• 从"文件"菜单中选择"新建..."命令,操作同上。

• 应用项目管理器,即从项目管理器中选择"菜单",然后单击"新建"按钮。

• 在命令窗口中执行命令"MODIFY MENU 文件名"同样可以启动菜单设计器,其中"文件名"为菜单文件名(扩展名为.mnx,可以缺省)。若文件名是新名字,则建立菜单,否则打开已经存在的菜单文件。

用户可以创建两种形式的菜单,一种是下拉式菜单,一种是快捷菜单。因此用户在使用上述方法时,系统会出现如图 10-2 所示的菜单类型选择框。

我们这里只介绍下拉式菜单设计器,如图 10-3 所示。快捷菜单设计器与下拉式菜单设计器从功能和外观上看并没有什么差别,只是所设计出来的菜单用途不同,详见 10.3 节的介绍。

对于普通的下拉式菜单,如果希望以 FoxPro 菜单为模板来创建自己的菜单,可以从"菜单"菜单中选择"快速菜单"命令,此时出现的设计器如图 10-4 所示。

用户在设计菜单时可以随时使用"预览"按钮来查看自己设计的菜单和子菜单,只是此时的命令不能执行。

此外,当用户通过菜单设计器完成菜单设计后,如果用户不想生成菜单程序文件(.mpr),

第10章 菜单设计

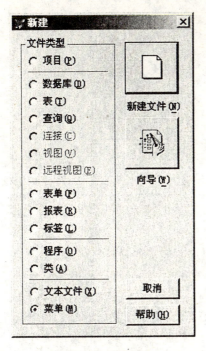

图 10-1 新建对话框

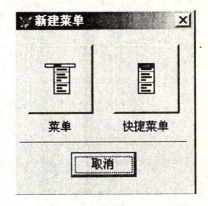

图 10-2 菜单类型选择框

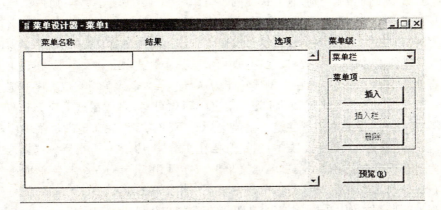

图 10-3 下拉式菜单设计器

系统将只生成菜单文件(.mnx),但.mnx文件是不能运行的。若要生成菜单程序,则选择"菜单"中的"生成"选项即可,如果用户是通过项目管理器来生成菜单的,则当用户在项目管理器中选择"连编"或"运行"时,系统将自动生成菜单程序。

也可以使用命令"DO 文件名"来运行菜单程序,但文件名的扩展名.mpr不能省略。

3.菜单设计器的使用

下面我们就菜单设计器各组成部分的功能进行详细的介绍。

(1) 菜单设计窗口的组成

● "菜单名称"栏

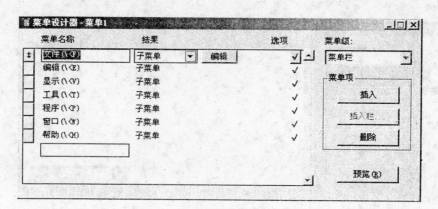

图10-4 选择"快速菜单"后的设计器

在此栏中输入菜单的提示字符串。如果用户想为菜单项加入热键的话,可以在欲设定为热键的字母前面加上一个反斜杆和小于号(\<)。如果用户没有给出这个符号,那么菜单提示字符串的第一个字母就被自动当做热键的定义。

此外,每个提示文本框的前面有一个小方块按钮,当鼠标移动到它的所在行时小方块上会出现上下双箭头。这个按钮是标准的移动指示器,用鼠标上下拖动它可改变当前菜单项在菜单列表中的位置。

● "结果"栏

此栏选定菜单项的功能类别,它的快捷列表有以下几个类别:子菜单:如果用户所定义的当前菜单项下还有子菜单则应选择这一项。当选取了这一项后,在其右侧会出现一个"编辑"按钮,单击此按钮将进入新的菜单设计窗口以便设计子菜单。命令:如果当前菜单项的功能是执行某种动作则应选择这一项。当选取这一项后,在其右侧会出现一文本框,在这个文本框中输入要执行的命令。这个选项仅在菜单项功能为执行一条命令或调用其他程序时选用。如果所要执行的动作需要多条命令完成,而又无相应的程序可用,那么在这里应该选择"过程"。主菜单名/菜单项#:主菜单名出现在定义主菜单项时,菜单项#出现在定义子菜单项时。当选取这一项时,在其右侧会出现一个文本框,用户要在文本框中输入一个名字。选择这一项的目的主要是为了在程序中引用该主菜单名或菜单项。过程:用于定义一个与菜单项相关联的过程。当用户选择该菜单项后,将执行这个与该菜单项相关联的过程。如果选择了这一项,在其右侧将出现一"创建"按钮,单击该按钮将调出编辑窗口以供输入过程代码。

● "选项"按钮栏

单击这个按钮将弹出"提示选项"对话框,如图10-5所示。

使用提示选项对话框可以设置用户定义的菜单系统中的各菜单项属性。例如定义菜单项的快捷键,控制如何禁止或允许使用菜单项,选取菜单项时在系统状态条上是否显示对菜单项的说明信息,指定菜单项的名字以及在编辑OLE对象期间控制菜单项的位置等。该对话框主要有如下几个选项:"快捷方式"区:该区用于指定菜单或菜单项的快捷键(即Ctrl键和其他键的组合)。其中,"键标签"用于显示键组合;"键说明"用于显示需要出现在菜单项旁边的文本。"位置"选项区:在该区指定当用户在应用程序中编辑了一个OLE对象时菜单项的位置。其中各选项的意义如下:无:指定菜单标题不设置在菜单栏上,这等同于不选择任何选项;左:指定将菜单标题设置在菜单栏中左边的菜单标题组中;中:指定将菜单标题设置在菜单栏中间

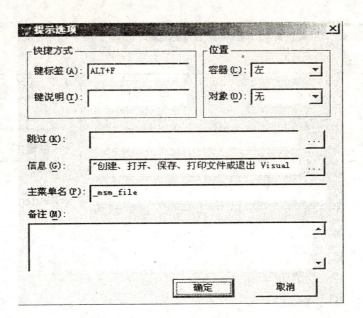

图 10-5 提示选项对话框

的菜单标题组中;右:指定将菜单标题设置在菜单栏中右边的菜单标题组中。跳过:单击这个编辑框右侧的"..."按钮将调出表达式生成器,用户可在表达式生成器中输入允许/禁止菜单项可用的条件。如表达式为真,则菜单项不可用。信息:单击这个编辑框右侧的"..."按钮也将调出表达式生成器。在表达式生成器的"信息"编辑框中输入对菜单项的说明信息,这些信息在用户选择了这一菜单项后将出现在 Visual FoxPro 6.0 的系统状态栏上。主菜单名/菜单项#:允许指定可选的菜单标题,用户可以在程序中通过该标题来引用菜单项。缺省状态下,各菜单项无固定的名称,系统在生成菜单程序时将给出一个随机的名字。注释:在这里输入对菜单项的注释。不过这里的注释不会影响生成的菜单程序代码,在运行菜单程序时 Visual Fox-Pro 6.0 将忽略所有的注释。

- 菜单级:在这个弹出列表窗口中显示当前所处的菜单级别。当菜单层次较多时使用该项可以知道当前的菜单级。从子菜单返回上面任意一级菜单也可使用这一项。
- "预览"按钮:使用这个按钮可以查看所设计的菜单,可以在所显示的菜单中进行选择,检查菜单的层次关系及提示等是否正确,然而这种选择不会执行各菜单的相应动作。
- "插入"按钮:在当前菜单项的前面插入一个新的菜单项。使用每一项左侧的移动指示器也可以执行与插入按钮相同的功能。
- "删除"按钮:删除当前的菜单项。

(2)常规选项对话框

当菜单设计窗口处于活动状态时,在系统菜单条上将出现"菜单"项,并且"显示"菜单中也增加两个选项。在这里我们介绍其中的"常规选项..."命令项,选择该命令选项时,将出现"常规选项"对话框,如图 10-6 所示。该对话框用于为整个菜单系统输入代码,它主要由以下几部分组成:

- "过程"编辑框:在这里输入菜单过程的代码。如果代码过多超过了编辑区的大小时,编辑区的右侧的滚动条将被激活。

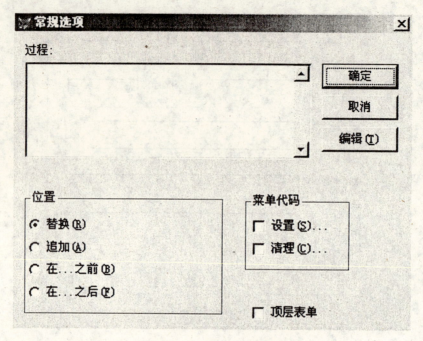

图 10-6 常规选项对话框

- "编辑"按钮：单击这个按钮将打开一个编辑窗口来输入菜单过程的代码，这样就不用在小的编辑框中输入代码了。要进入编辑窗口编写程序，单击"确定"按钮关闭常规选项对话框就可以了。
- "位置"区：它包括了如下四个按钮：替换：将现有的菜单系统替换成新的（用户定义的）菜单系统；追加：将用户定义的菜单附加到现有的菜单的后面；在...之前：将用户定义的菜单插入到指定菜单的前面；在...之后：将用户定义的菜单插入到指定菜单的后面。
- 菜单代码：它包括如下两个复选框：设置：选取这一项将打开一个编辑窗口，在此窗口中可为菜单系统输入一段初始化代码。若要进入打开的初始化代码编辑窗口，单击"确定"按钮关闭常规选项对话框。清理：选中这一项将会打开一个编辑窗口，在此窗口中可为菜单系统输入一段结束代码。要进入打开的结束代码编辑窗口，单击"确定"按钮关闭常规选项对话框。
- 顶层表单：如果选定该复选框，将允许该菜单在顶层表单中使用。如果未选定，只允许该菜单在 Visual FoxPro 页框中使用。

(3) 菜单选项对话框

当用户选择"显示"菜单中的"菜单选项"时将打开"菜单选项"对话框，如图 10-7 所示。该对话框用于为菜单栏（即顶层菜单）或各子菜单项输入代码，它包括如下几个选项：

- 名称：在这里显示的是菜单的名称。如果用户当前正在编辑主菜单，则此处的文件名是不可以改变的，即所有的主菜单共享一个过程。如果用户当前正在编辑子菜单，则此处的文件名可以改变。缺省时这里的文件名与用户在菜单设计窗口中菜单级弹出列表窗口中的内容一样，在使用了汉字提示的情况下最好在这里把文件名改一下。
- 过程：这个编辑框用于输入或显示菜单的过程代码。如果代码很多超出编辑框的大小，右侧的滚动条将被激活。

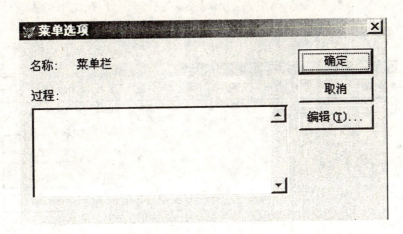

图 10-7　菜单选项对话框

- "编辑"按钮:单击这个按钮将打开一个文本编辑窗口,这样用户就可以不必在菜单选项对话框中输入代码了。

要进入打开的代码编辑窗口,单击"确定"按钮关闭菜单选项对话框。

10.2　为顶层表单添加菜单

为顶层表单添加下拉式菜单的操作步骤如下:
①在"菜单设计器"窗口中设计下拉式菜单;
②进行菜单设计时,在"常规选项"对话框中选择"顶层表单"复选框;
③将表单的 ShowWindow 属性值设置为 2,使其成为顶层表单;
④在表单的 Init 事件代码中添加调用菜单程序的命令,一般格式为:
DO　文件名　WITH　THIS [,"菜单名"]

其中,"文件名"指定被调用的菜单程序文件,其中扩展名为.mpr 且不能省略。THIS 表示当前表单对象的引用。通过"菜单名"可以为被添加的下拉式菜单的条形菜单指定一个内部的名字。

⑤在表单的 Destroy 事件代码中添加清除菜单的命令,使得在关闭表单时能同时清除菜单,释放其所占用的内存空间。命令格式如下:
RELEASE　MENU　菜单名　[EXTENDED]

其中,EXTENDED 表示在清除条形菜单时一起清除其下属的所有子菜单。

10.3　快捷菜单设计

1. 用菜单设计器设计快捷菜单

快捷菜单的创建与常规菜单创建方法基本相同,所不同的是前者中的一些菜单项内容都可以通过"插入系统菜单栏"对话框进行选择,而后者则全部由用户直接输入。在"插入系统菜单栏"的对话框中,系统提供的菜单项都是常规标准的,用户可以根据需要选择其中的菜单项,再对其进行修改。具体操作方法如下:

①在图 10-2 中单击"快捷菜单"按钮后,出现菜单设计器窗口,如图 10-8 所示。用户可以直接在该窗口中输入菜单名称,操作方法与前面介绍的基本相同。

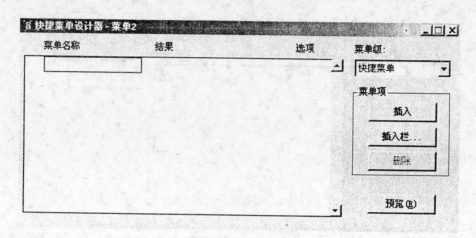

图 10-8 快捷菜单设计器窗口

②单击"插入栏"按钮后,系统将弹出"插入系统菜单栏"对话框,如图 10-9(a)所示。用户可以根据需要选择其中的某个菜单项,单击"插入"后,该菜单项内容就连同所有的功能都插入到当前的菜单名称列中。单击"排序依据"中的单选项"提示符"后,出现如图 10-9(b)所示的对话框。

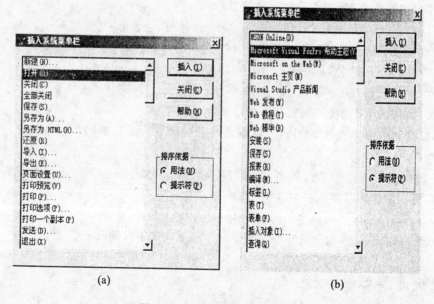

图 10-9 插入系统菜单栏窗口

从图 10-9 中可知,该插入对话框中的所有菜单项内容都是 Visual FoxPro 6.0 主菜单栏下的内容,其中在"文件"模块下共有:新建、打开、关闭、保存、另存为、还原、导入、导出、页面设置、打印预览、打印、发送、退出等。

假设我们在"快捷菜单栏"下输入：文件、编辑、显示、工具、程序、窗口、帮助等，如图 10-10 所示。

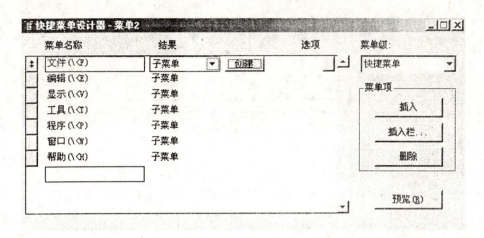

图 10-10　快捷菜单栏下的菜单项

选定菜单名称为"文件"，且单击"创建"按钮后，出现"文件"模块下的子菜单输入窗口。在该窗口下，单击"插入栏"按钮，选择用户所需要的菜单栏内容。假设我们选择了：新建、打开、关闭……如图 10-11 所示。

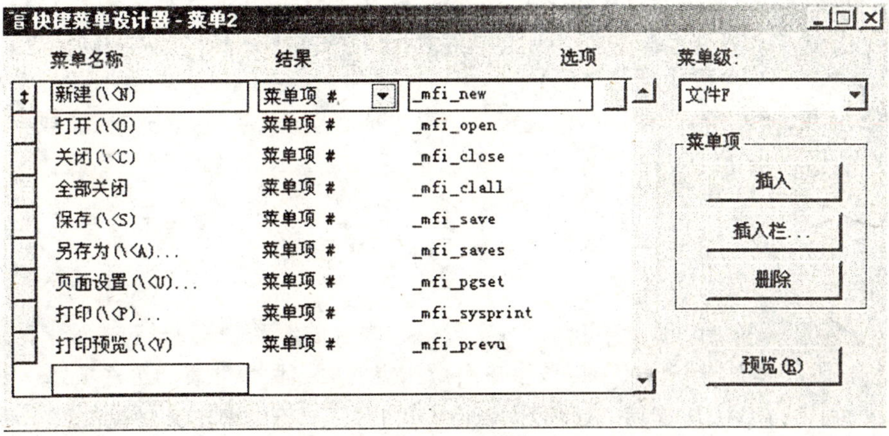

图 10-11　快捷菜单文件模块下的菜单项

设置完快捷菜单项后，单击"×"按钮，系统将弹出如图 10-12 所示的提示框。当用户选择"是"按钮，则弹出一个"另存为"对话框，用户可以选择盘符和路径，并输入快捷菜单名称。

2. 用菜单命令为快捷菜单编程

快捷菜单用于在应用系统中临时弹出一个菜单，这种弹出式菜单有一定的局限性，它没有窗口标题。下面介绍的快捷菜单编程命令，可用来设计多种样式的快捷菜单。

(1) 定义快捷菜单

命令格式：

DEFINE POPUP <快捷菜单名> [TITLE <字符表达式 1>]]
　　　　[FROM <行坐标 1,列坐标 1>] [TO <行坐标 2,列坐标 2>]

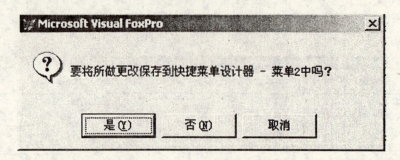

图 10-12 快捷菜单提示框

[IN [WINDOW] <窗口名> |IN SCREEN][KEY <键标号>]
[MARGIN][MESSAGE <字符表达式 2>][MOVER][MULTISELECT]
[PROMPT FIELD <表达式> | PROMPT FILES [LIKE <通配符表达式>] |
   PROMPTSTRUCTURE]
[SCROLL]

功能:定义快捷菜单名字及其总体属性。

说明:

● <快捷菜单名>表示菜单的名字;TITLE 子句的<字符表达式 1>表示菜单的标题。

● FROM 子句的 <行坐标 1,列坐标 1>指定菜单左上角的坐标;TO 子句的<行坐标 2,列坐标 2>指定其右下角的坐标。若缺省 FROM 子句,菜单左上角坐标为第 0 行第 0 列。

● MARGIN 子句可为菜单项的标记留出一定的空间,而 MULTISELECT 子句则一次使用户能在菜单中选定多个菜单项,并使每个选中行变成深色。具有这种功能的快捷菜单可称为多选型快捷菜单。注意在这种菜单中选定某个菜单项需通过"Ctrl+单击左键"或"Ctrl+回车键"来实现。

● MOVER 子句能使第一个选项的左边出现双向箭头,供用户改变选项的显示顺序,用鼠标上下拖动双向箭头可重新安排菜单项的顺序;若使用键盘,可以按 Ctrl+↓或 Ctrl+↑来进行移动。

● PROMPT FIELD 子句用来定义以表字段值为内容的滚动列表,子句中的<表达式>代表字段名,它能够使表各个记录中由该字段名所指定的内容称为列表的可选项,该子句不可和 MULTISELECT 或 MOVER 子句一起使用;PROMPT FILE 子句用来定义磁盘文件名列表,允许文件名用<通配符表达式>来指定;PROMPT STRUCTURE 子句用来定义组成一个表结构的所有字段名列表。

● SCROLL 子句用来在组合框中增加滚动条,当选项众多以致当前窗口中容纳不下时,滚动条就被激活。

(2)定义快捷菜单的菜单项

命令格式:

DEFINE BAR <数值表达式 1> OF <快捷菜单名>
    PROMPT <字符表达式 1> [BEFORE <数值表达式 2> |AFTER <数值表达式 3>]
    [KEY <键>[,<字符表达式 2>]][MESSAGE <字符表达式 3>]
    [SKIP[FOR <逻辑表达式>]]

功能:定义弹出式菜单的一个菜单项及其属性。

说明:
- <数值表达式1>表示由<快捷菜单名>指定菜单的菜单项序号,各菜单项将按此菜单序号依次显示。
- PROMPT子句的<字符表达式1>表示菜单项的显示名。
- 在指定的快捷菜单中,BEFORE子句把菜单项放在由<数值表达式2>指定的菜单项之前;AFTER子句把菜单项放在由<数值表达式3>指定的菜单项之后。

(3)定义快捷菜单的菜单项动作

定义菜单项动作的命令有下列三种格式:

命令格式1:

ON BAR <数值表达式> OF <快捷菜单名1> [ACTIVATE POPUP <快捷菜单名2>]

功能:把菜单项的动作定义为激活另一个快捷菜单。

<数值表达式>表示要定义动作的菜单项的序号,<快捷菜单名1>是菜单项所在菜单的名字,<快捷菜单名2>表示被激活菜单的名字。

命令格式2:

ON SELECTION BAR <数值表达式> OF <快捷菜单名> [<命令>]

功能:选择<数值表达式>表示的菜单项后就执行指定的<命令>,此<命令>可为DO命令或其他命令。

命令格式3:

ON SELECTION POPUP <快捷菜单名> | ALL [<命令>]

功能:选择由<快捷菜单名>所代表的菜单中的任一菜单项后均执行<命令>。如果用ALL子句代替<快捷菜单名>,则当所有已激活的快捷菜单中的任一菜单项被选定时均执行指定的<命令>。

(4)激活快捷菜单

命令格式:

ACTIVATE POPUP <快捷菜单名> [AT <行坐标,列坐标>] [BAR <数值表达式>]
[NOWAIT] [REST]

功能:激活由<快捷菜单名>指定的菜单。

说明:
- AT子句的<行坐标,列坐标>表示菜单左上角的位置,此子句比DEFINE POPUP命令的FROM子句优先级高。
- BAR子句的<数值表达式>表示所激活菜单当前菜单项的序号。
- 若不带NOWAIT子句,菜单激活时程序会暂停执行,等待用户选择菜单项或用Esc键退出。若使用NOWAIT子句将使程序在菜单激活后继续往下执行,当程序等待任何输入时,用户均可在菜单中选择菜单项。
- 如果菜单定义中的PROMPT FIELD子句定义了字段内容组合框,REST子句使表当前记录的字段内容成为当前可选项。

10.4 小结

本章首先介绍了 Visual FoxPro 6.0 菜单的基本概念,以及系统菜单的基本情况,然后介绍了如何使用菜单设计器设计下拉式菜单和快捷菜单。要求读者掌握利用菜单设计器设计并生成下拉式菜单的基本步骤。

10.5 习题

一、选择题

1. 以下是标准菜单的组成部分的是(　　)
   A. 对话框　　　　B. 选项卡　　　　C. 菜单项　　　　D. 快捷菜单
2. 创建菜单可以使用命令(　　)
   A. DEFINE PAD　　B. DEFINE BAR　　C. DEFINE POPUP　　D. READ MENU
3. 如果应用程序的菜单和 Visual FoxPro 的系统菜单相似,则可以用(　　)
   A. 信息菜单　　　B. 跳过菜单　　　C. 快速菜单　　　D. 注释菜单
4. 在菜单设计器的"结果"列为菜单指定的任务有四项,它们包括"填充名称"、"子菜单"、"过程"和(　　)
   A. 命令　　　　　B. 执行　　　　　C. 编辑　　　　　D. 查找
5. 在利用菜单设计器设计菜单时,当某菜单项对应的任务需要用多条命令来完成时,应利用(　　)选项来添加多条命令。
   A. 命令　　　　　B. 填充名称　　　C. 子菜单　　　　D. 过程

二、填空题

1. 在菜单设计器中,要改变当前菜单项在菜单列表中的位置,可拖动菜单名文本框前面的具有上下双箭头的_____。
2. 菜单设计器窗口中的_____组合框可以用于上、下菜单之间的切换。
3. 无论是哪种类型的 Visual FoxPro 菜单,当选择其中的某个选项时都会有一定的动作,这个动作可以是_____、_____和_____。

第11章 报表与标签设计

除了屏幕输出外,打印报表是用户获取信息的另一条重要途径。在数据库管理系统中使用报表是日常工作中最常用的查看数据的手段之一。生成报表就是把输入的数据按照一定的条件和格式又返回到书面的过程。这里的表格和原始表格具有完全相同的含义,是更深入地反映原始数据之间关系、实质的经过提炼和筛选的表格。Visual FoxPro 向用户提供了设计报表的可视化工具——报表设计器。在报表设计器中,读者可以直接从项目管理器或者数据环境中将需要输出的表或字段拖放到报表中,可以添加线条、矩形、圆角矩形、图像等控件,通过鼠标的拖拽就能改变控件的位置和大小。它提供了用多种多样的方式显示表的内容,而且不需要进行任何的编程,可以用极少量的工作就能使项目取得显著的进展。

11.1 创建报表

报表的数据来源于表浏览结果和查询结果,生成报表保存后系统会产生两个文件:

报表定义文件,扩展名为.frx 和报表备注文件,扩展名为.frt。

Visual FoxPro 提供了三种创建报表的方法:
- 使用报表向导创建报表
- 使用快速报表创建简单报表
- 使用报表设计器创建自定义报表

11.1.1 用向导创建报表

报表向导有单一表、分组/总计和一对多向导三种类型,本节主要介绍如何使用报表向导、分组/总计报表向导和一对多报表向导,但更直接有效的方法是使用 Visual FoxPro 提供的报表向导来快速生成报表原型,然后在此基础上进行修改完善。

1. 单一报表向导

选择"文件"菜单中的"新建"菜单项,选择"报表",单击"向导"按钮,如图 11-1 所示,弹出报表向导的选择对话框,如图 11-2 所示,选择"报表向导",单击"确定",进入向导设计报表步骤1——字段选取,如图 11-3 所示。

在如图 11-3 所示的窗口中,选择学生表

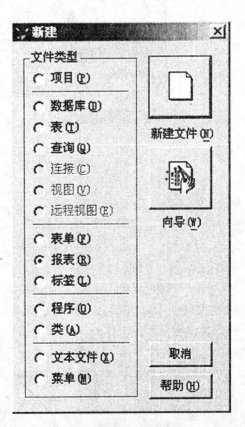

图 11-1 使用新建菜单

图 11-2　报表向导

Student.dbf,并选定"可用字段"中除简历以外的所有字段。单击"下一步"按钮进入步骤2——分组记录。

如图11-4所示,主要确定数据分组依据,根据报表的需要,这一步可以选择也可以不选择。单击"下一步"按钮进入步骤3——选择报表样式。

如图11-5所示,单击样式名称会在左上角框内即时显示该样式的效果。有Executive经营式、Ledger账务式、Presentation简报式、Banded带区式、Casual随意式五种。这里选择比较符合中国人习惯的账务式。单击"下一步"按钮进入步骤4——定义报表布局。

如图11-6所示,这一步骤可通过微调按钮分别

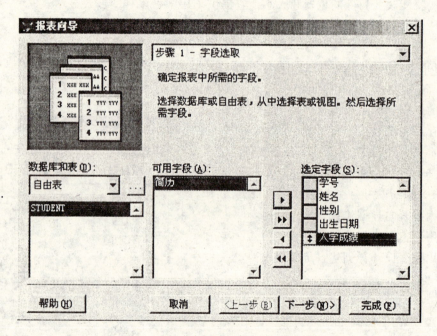

图 11-3　报表向导步骤1——字段选择

设置报表的列数、方向和字段布局。如果在步骤2中选取了排序记录的字段,那么在这一步中的"列数"和"字段布局"不可用。选择布局方向的默认值纵向。单击"下一步"按钮进入步骤5——排序记录。

如图11-7所示,这一步骤可以选择一个至三个字段作为报表的排序字段,并可设置是升序还是降序,也可以不选排序字段。"选定字段"的第一行为主排序字段,以下依次为各个次排序字段。这里选取入学成绩字段为排序字段,同时选择降序。单击"下一步"按钮进入步骤6——完成。

如图11-8所示,这一步里的三个单选按钮,分别是保存报表以备将来使用、保存报表并在报表设计器中修改报表、保存并打印报表。去除"对不能容纳的字段进行拆行处理"(即使屏

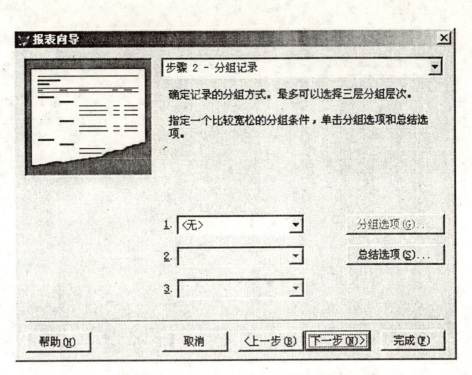

图 11-4　报表向导步骤 2——分组记录

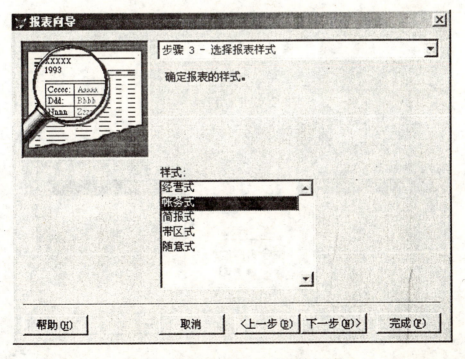

图 11-5　报表向导步骤 3——报表样式选择

幕显示不开,也不折到下一行),单击"完成"按钮。

可以单击"预览"按钮,进入预览窗口,在屏幕上查看前面生成的报表,如图 11-9 所示。

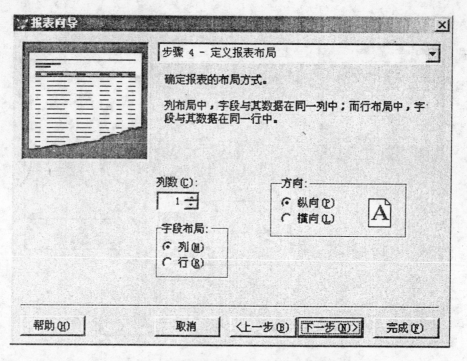

图 11-6　报表向导步骤4——定义报表布局

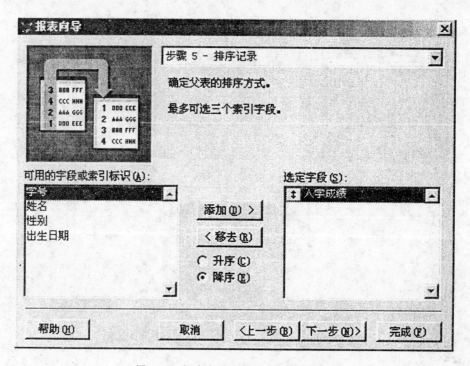

图 11-7　报表向导步骤5——排序记录

如果对报表感到满意,可以选择"打印预览"中的打印按钮将该报表输出到打印机。如果不满意,则可以单击"上一步"按钮,返回到前面步骤进行相应修改。

图 11-8　报表向导步骤 6——完成

STUDENT
11/10/06

学号	姓名	性别	出生日期	入学成绩
0410050023	黄称心	Y	10/24/84	602.0
0410010045	叶思思	N	04/08/85	565.0
0410030016	陈丽萍	N	10/15/86	549.0
0410010046	段爸	N	08/30/85	524.0
0410030011	周洁华	Y	01/27/86	516.0
0410050028	鲁力	Y	11/25/86	498.0
0410010043	李雪玲	N	02/16/86	492.0
0410040025	蔡金鑫	Y	01/16/86	490.0
0410010058	苗火炎	Y	08/01/84	470.0
0410030007	张慧	N	10/12/86	464.0

图 11-9　预览报表

修改完毕,单击"完成"按钮,在保存窗口中键入报表名:学生成绩报表。报表保存在以.frx和.frt 为扩展名的文件中。以后要打印该报表时,可在命令窗口中输入:REPORT FORM 学生成绩报表 TO PRINT。

2. 分组报表

选择"文件"菜单中的"新建"菜单项,选择"报表",单击"向导"按钮,如图11-1 所示),弹出报表向导的选择对话框,如图11-2 所示,选择"报表向导",单击"确定",进入向导设计报表步骤1——字段选取,如图11-10 所示。

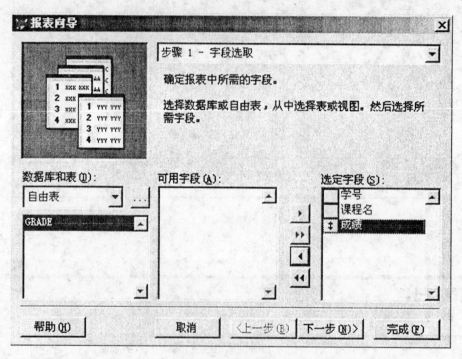

图11-10 分组报表字段选择

在这一步里只能从单个表或视图中选择字段,不能从多个表或视图中选择字段。从成绩表中选择"学号"、"课程"、"成绩"三个字段。按"下一步"按钮进入"步骤2——分组记录"。

如图11-11 所示,使用数据分组来分类并排序字段,能够方便读取。在这一步里,选择依据"学号"和"成绩"进行分组,分组依据最多可以有三个。第一个是主要分组依据,其他的相对上一个是次要的。在某个"分组类型"框中选择了一个字段之后,可以单击"分组选项"和"总结选项"按钮来进一步完善分组设置。

单击"分组选项"后将打开"分组间隔"对话框,从中可以选择与用来分组的字段中所含的数据类型相关的筛选级别,如图11-12 所示。

选择"总结选项"将打开一个新的对话框,如图11-13 所示,这里选择求平均值。

总结选项对话框的数值计算类型如表11-1 所示。

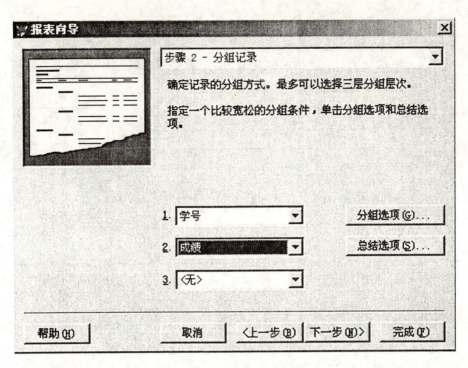

图 11-11　报表分组记录

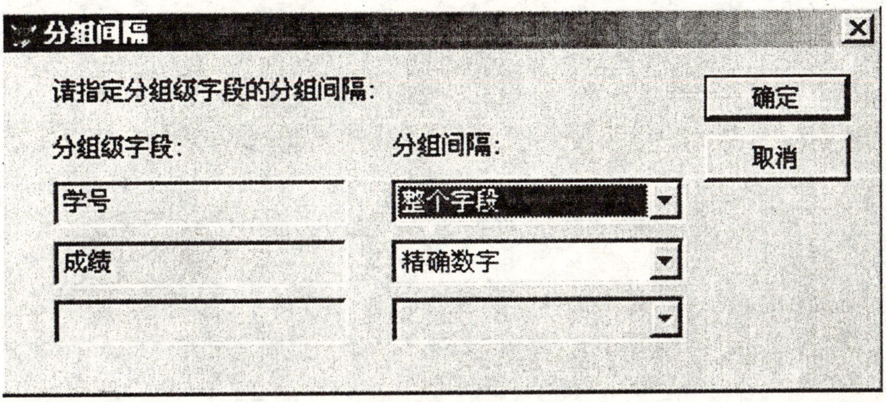

图 11-12　分组间隔

表 11-1　　　　　　　　总结选项对话框的数值计算类型

总结选项	返回
求和	指定的数值型字段值的总和
平均值	指定的数值型字段值的平均值
计数	在指定的字段中，包含非零值的记录的个数
最小值	指定的数值型字段中的最小值
最大值	指定的数值型字段中的最大值

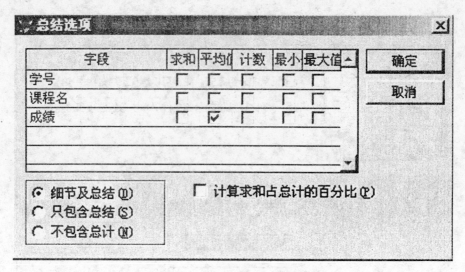

图 11-13　总结选项对话框

也可以为报表选择"细节及总结"、"只包含总结"或"不包含总计"。这里选择对"考核成绩"求"平均值",其他为默认值。

在"步骤 3——选择报表样式"中选择所需要的报表样式,和前面学习过的其他向导一样,当单击任何一种样式时,向导都在放大镜中更新成该样式的示例图片。这里选择"账务式"。

在"步骤 4——定义报表布局"中指定列数或布局,向导即时在放大镜中更新成选定布局的实例图形。这里取默认值。

在"步骤 5——排序记录"中选择用来排序的字段或索引标识。如果在步骤 2 中用来分组的字段,在这一步中不可用。

在"步骤 6——完成"中如果选定数目的字段不能放置在报表中单行指定宽度之内,字段将换到下一行上。如果不希望字段换行,清除"对不能容纳的字段进行折行处理"选项。如果选定的表来自数据库,则本步骤可以使用数据库中的显示设置。单击"预览"按钮,可以在关闭向导前显示报表。

保存报表后,可以像其他报表一样在"报表设计器"中打开或修改它。

这样一个包含分组、平均、总计的报表就完成了。下面是利用报表"预览"看到的报表样式,如图 11-14 所示,由于报表较长,这里只显示前面部分。

3. 一对多报表

选择"文件"菜单中的"新建"菜单项,选择"报表",选择"向导"按钮,如图 11-1 所示,弹出报表向导的选择对话框,如图 11-15 所示,选择"一对多报表向导",单击"确定",进入向导设计报表步骤 1——字段选取。

在"步骤 1——从父表选择字段"中选择学生表作为父表,这些选择的字段将会显示在报表的上半部分。这一步和步骤 2 都只能从单个表或视图中选择字段,如图 11-16 所示。

在"步骤 2——从子表选择字段"中选择成绩表作为子表,从成绩表中选取"课程"、"成绩"两个字段,这些字段将会显示在父表字段的下方,如图 11-17 所示。

在"步骤 3——为表建立关系"中可以从字段列表中接受或选择决定表之间关系的字段。这里取 Student.dbf 中的学号 = Grade.dbf 中的学号,如图 11-18 所示。

GRADE
11/10/06

学号	成绩	课程名
0410010046		
	58	
		宏观经济学
	82	
		经济测试方法
0410030007		
	66	
		新闻学概论
	68	
		新闻采访与写作

图 11-14　分组报表预览

图 11-15　选择一对多报表

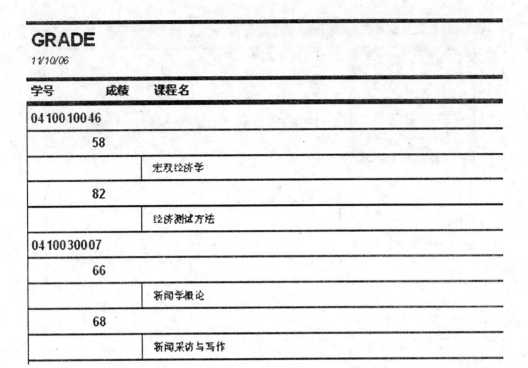

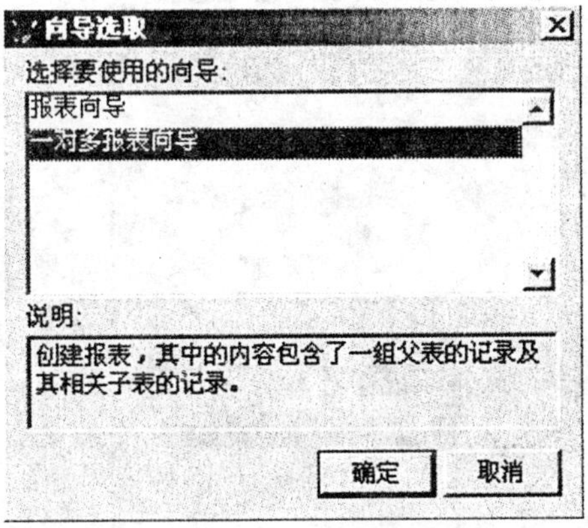

在“步骤 4——排序记录”中按照结果排序的顺序选择字段或索引标识，取“学号”作为排序字段，如图 11-19 所示。

在“步骤 5——选择报表样式”中选择自己喜欢的样式，这里选择“带区式”，如图 11-20 所示。

在这一步里，单击“总结选项”按钮可以设置数值型数据的处理方式，这里选择成绩的“求平均值”，如图 11-21 所示。

在“步骤 6——完成”中填入报表名称，预览的报表结果如图 11-22 所示。

完成报表并保存报表，如图 11-23 所示。

11.1.2　用报表设计器创建报表

除了用报表向导创建报表外，还可以用报表设计器创建报表来建立报表。报表设计器是一项省时的功能，只需在其中选择基本的报表组件，Visual FoxPro 就会根据选择的布局，自动创建简单的报表布局。

选择“文件”菜单中的“新建”菜单项，在“新建”窗口中选择“报表”，并单击“新建”按钮。出现的报表设计器窗口如图 11-24 所示。

其中的白色区域称为“带区”，根据输出内容性质的不同，系统将它分成了多个带区，在创建一个新报表时默认有三个带区。

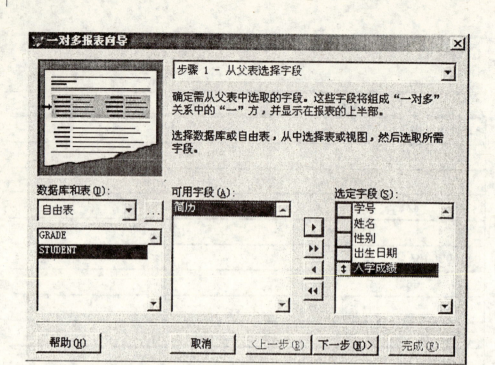

图 11-16 一对多报表父表字段选择

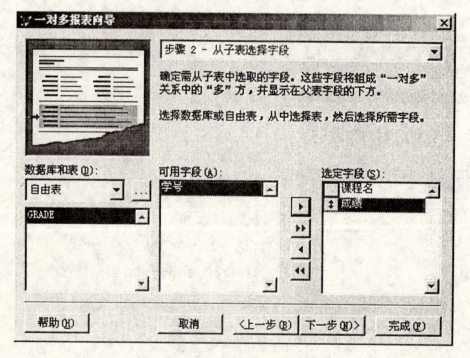

图 11-17 一对多报表子表字段选择

页标头:该带区的内容在每页的顶端打印一次,用来说明该列细节区的内容的,通常就是该列所打印字段的字段名。

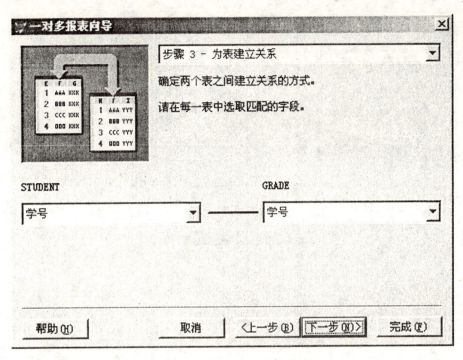

图 11-18　确定表之间的联接条件

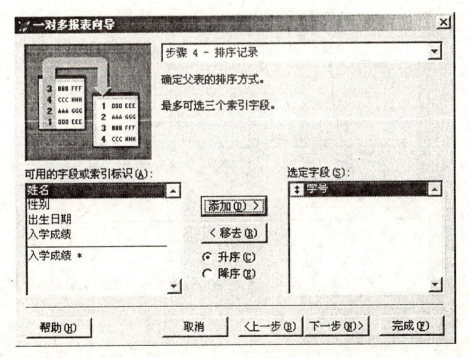

图 11-19　确定结果的排序字段

细节:细节带区紧随在页标头内容之后打印,是报表中的最主要带区,用来输出标中记录的内容,打印次数由实际输出的标中的记录数决定,每条记录打印一次。

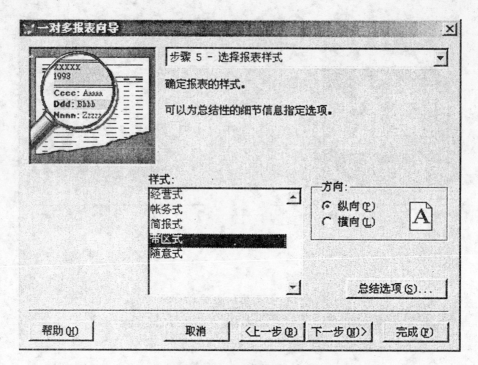

图 11-20　选择报表样式

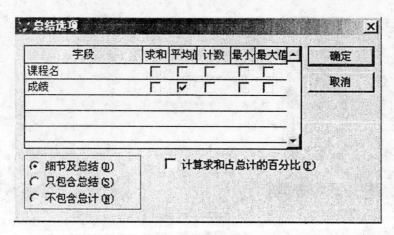

图 11-21　求平均值

页注脚：与页标头类似，每页只打印一次，但它是打印在每页的尾部，可以在该区打印小计、页号等。

如果需要，还可以增加带区，对于简单报表，从"报表"菜单的"标题/总结…"菜单项能够设置增加两个带区，如标题和总结。

标题：每个报表只打印一次，打印在报表的最前面。如果需要，它可以在分开的页上打印，方法是在单击"报表/标题/总结…"菜单项后，选中"新页"复选框。

总结：每个报表只打印一次，打印在报表细节区的尾部，一般用来打印整个报表中数值字段的合计值。同"标题"区一样，它也可以打印在单独的一页上。

学号: 0410010046
姓名: 段茜
性别: N
出生日期: 08/30/85
入学成绩: 524.0

课程名	成绩
宏观经济学	58.0
经济测试方法	82.0
计算平均数	70.0

0410010046:

图 11-22　预览的报表结果

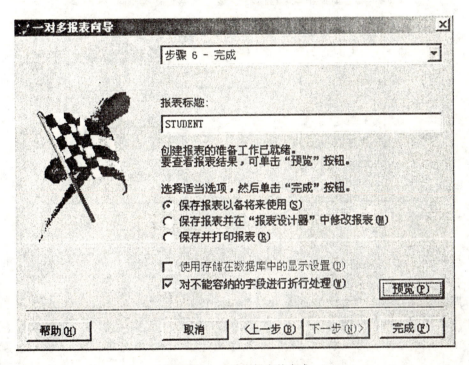

图 11-23　一对多报表的完成

　　如果对报表进行了分组或是设计成多栏打印,则还会自动增加"组标头"、"组注脚"和"列标头"、"列注脚",它们的作用与"页标头"、"页注脚"相似,分别在每个组或列的开始与结尾部分打印一次。

　　通过拖动分隔带区的带区条,可以随时改变每个带区的高度,如果要精确地设置带区的高度,双击带区条打开设置带区高度对话框,在对话框中输入带区的高度值。

　　选择"报表"菜单中的"快速报表"命令,弹出如图 11-25 所示的对话框。在这个对话框中,可以为报表选择所需的字段、字段布局以及标题和别名选项。

　　对话框选项的意义如下:

图 11-24 报表设计器

图 11-25 快速报表对话框

字段布局,在左侧显示列布局,在右侧显示行布局。选择列布局可使字段在页面上从左到右排列,选择行布局可使字段在页面上从上到下排列。

标题,确定是否将字段名作为标签控件的标题置于相应字段的上面或旁边。

添加别名,在"报表设计器"窗口中,自动为所有字段添加别名(指定一个表或表达式中某项的另一个名称,通常用来缩短在代码中连续引用的名称,别名可以防止可能的不确定引用)。

将表添加到数据环境中,自动将表添加到数据环境中(在打开或修改一个表单或报表时需要打开的全部表、视图和关系)。

字段,显示"字段选择器"对话框,可在此对话框中选择要在报表中显示的字段。点击字段,出现如图 11-26 所示的字段选择器对话框,选择报表需要的字段。其中"快速报表"不能向报表布局中添加通用字段。选择"确定"按钮,返回到"快速报表"对话框,选择适当选项,按"确定"按钮。

在报表设计器中的报表布局如图 11-27 所示。

单击鼠标右键,在快捷菜单中选择"预览",在预览窗口中可以看到快速报表的结果,如图 11-28 所示。

第 11 章 报表与标签设计

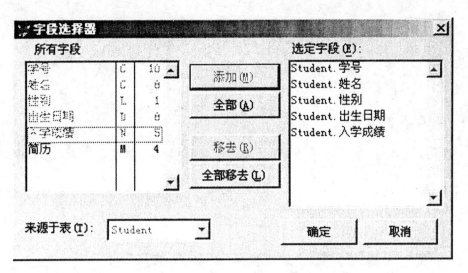

图 11-26 字段选择器对话框

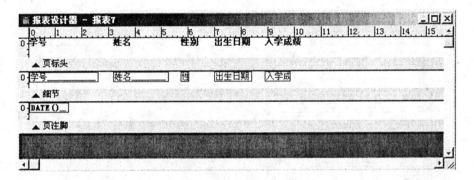

图 11-27 报表布局

学号	姓名	性别	出生日期	入学成绩
0410010046	段茜	N	08/30/85	524.0
0410010043	李雪玲	N	02/16/86	492.0
0410030011	周清华	Y	01/27/86	516.0
0410030016	陈丽萍	N	10/15/86	549.0
0410010058	雷火亮	Y	08/01/84	470.0
0410050023	黄称心	Y	10/24/84	602.0
0410040025	蔡金鑫	Y	01/16/86	490.0
0410010045	叶思思	N	04/08/85	565.0
0410030007	张慧	Y	10/12/86	464.0
0410050028	鲁力	Y	11/25/86	498.0

图 11-28 快速报表的结果

11.2 报表的修改与布局

创建报表布局后,还需要进一步修改它,如设置页面外观(页边距、纸张类型等)、域中文本的字体、颜色、添加各种形状的图形、线条等。

11.2.1 修改报表的页面

规划报表时,通常会考虑页面的外观。例如页边距,纸张类型和所需的布局,如何设置页边距、页面方向和报表页面带区的高度。

选择"文件"菜单中的"页面设置"菜单项,弹出如图 11-29 所示的对话框,可以设置报表的左边距并为多列报表设置列宽和列间距。

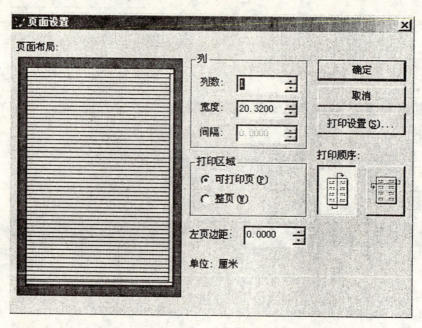

图 11-29 页面设置

11.2.2 文字修改

为了美化报表,有时需要更改域控件或标签控件中文本的字体和大小,也可以更改报表的默认字体。

1. 更改报表中的字体和大小的方法

选择要更改的控件,从"格式"菜单中,选择"字体"菜单项,弹出"显示字体"对话框。选择适当的字体和磅值,然后单击"确定"按钮。

2. 更改默认字体的方法

从"报表"菜单中,选择"默认字体"菜单项。在字体对话框内,选择想要的适当字体和磅值作为默认值,然后单击"确定"按钮。只有改变默认字体后,插入的控件才会反映出新设置的字体。

11.2.3 添加线条、矩形和圆形

如果一个报表中只有数据和文本，不仅使报表显得呆板，而且还不便于查看，若报表的行较长还很容易看错行。直线、矩形和圆形等几何图形能够增强报表布局的视觉效果，而且可用它们分割或强调报表中的部分内容。因此在设计报表时，为了使报表清晰、美观，经常要用到各种几何图形控件。

1. 绘制线条

使用"线条"控件，可以在报表布局中添加垂直和水平直线，通常需要在报表主体内的详细内容和报表的页眉和页脚之间画线。

操作步骤如下：

从"报表控件"工具栏中，选择"线条"按钮。在"报表设计器"中，拖动光标以调整线条。绘制线条后，可以移动或调整其大小，或者更改它的粗细和颜色。

2. 绘制矩形

在布局上绘制矩形，可以以醒目的方式组织打印在页面上的信息，也可以把它们作为报表控件、报表带区或者整个页面周围的边框使用。

操作步骤如下：

从报表控件工具栏中，选择"矩形"按钮。在"报表设计器"中，拖动光标以调整矩形的大小。

3. 绘制圆角矩形和圆形

操作步骤如下：

从报表控件工具栏中，选择"圆角矩形"按钮。在"报表设计器"中，拖动光标以调整该控件。双击该控件，出现"圆角矩形"对话框，如图11-30所示。在"样式"区域，选择想要的圆角样式，单击"确定"按钮。

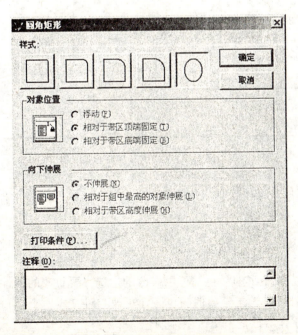

图11-30 圆角矩形对话框

4. 更改线条粗细或样式

可以更改垂直、水平线条及矩形和圆角矩形所用线条的粗细(从细线到六磅粗的线),也可以更改线条的样式(从点线到点线和虚线的组合)。

操作步骤如下:

选定希望更改的直线、矩形或圆角矩形。从"格式"菜单中选择"绘图笔",从子菜单中选择适当的大小或样式。

11.2.4 添加图片

在报表中可以插入图片作为报表的一部分。例如,一个单位徽标可以出现在发票的页标头内。一个文件内的图片是静态的,它们不随每条记录或每组记录的变化而更改。如果想根据记录更改显示,则应插入通用字段。

从报表控件工具栏中,单击"图片/ActiveX 绑定控件"按钮。在"报表设计器"中,拖动鼠标画出放图片矩形框,随后弹出"报表图片"对话框,如图 11-31 所示。

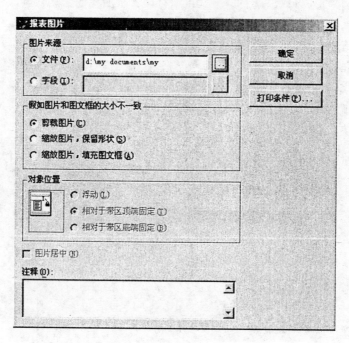

图 11-31 报表图片对话框

在"图片来源"区域,选择"文件",可以在"文件"文本框内键入文件路径,或者选择对话按钮来选定图形文件,单击"确定"按钮。

11.2.5 更改控件颜色

域控件、标签、线条或矩形的颜色是可以修改的。选择要更改的控件,在调色板工具栏中,选择"前景色"或"背景色",选定希望的颜色。在更改控件文本时,也可以选择"格式"菜单中的"字体"菜单项,在字体对话框中更改字体颜色。

11.2.6 为报表控件添加注释

创建或更改控件时,有时希望包含对控件的描述。"文本"或"表达式"对话框为每个控件提供了注释框。这些注释保存在布局文件中,但不出现在打印的报表或标签中。

向控件添加注释的方法如下:

双击该控件,在该控件的对话框中的"备注"框内键入注释,如图 11-32 所示,单击"确定"按钮。

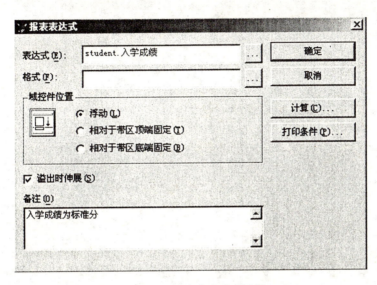

图 11-32　报表表达式对话框

11.3　报表的预览与打印

11.3.1　报表预览

报表在打印前,可以通过预览报表,不用打印就能看到它的页面外观,检查数据列的对齐和间隔,或者查看报表是否返回所需的数据。报表预览窗口有它自己的工具栏,使用其中的按钮可以一页一页地进行预览。

操作步骤如下:

从快捷菜单或"显示"菜单中,选择"预览",报表预览窗口如图 11-33 所示。在打印预览工具栏中,选择"上一页"或"前一页"来切换页面。若要更改报表图像的大小,选择"缩放"列表。若想要返回到设计状态,选择"关闭预览"按钮。

11.3.2　报表打印

使用"报表设计器"创建的报表只是一个布局文件,它把要打印的数据组织成令人满意的格式,它按数据源中记录出现的顺序处理记录。在打印一个报表文件之前,应该确认数据源中已对数据进行了正确的排序。

学生入学成绩报表

学号	姓名	性别	出生日期	入学成绩
0410010046	段茜	N	08/30/85	524.0
0410010043	李雪玲	N	02/16/86	492.0
0410030011	周清华	Y	01/27/86	516.0
0410030016	陈丽萍	N	10/15/86	549.0
0410010058	雷火亮	Y	08/01/84	470.0
0410050023	黄称心	Y	10/24/84	602.0
0410040025	蔡金鑫	Y	01/16/86	490.0
0410010045	叶思思	N	04/08/85	565.0
0410030007	张慧	N	10/12/86	464.0
0410050028	鲁为	Y	11/25/86	498.0

图 11-33　报表预览结果

如果表是数据库的一部分，则可用视图排序数据，即创建视图并且把它添加到报表的数据环境中。如果数据源是一个自由表，可创建并运行查询，并将查询结果输出到报表中。

从快捷菜单或从"文件"菜单中选择"打印"，出现 Windows 的打印窗口，如图 11-34 所示。

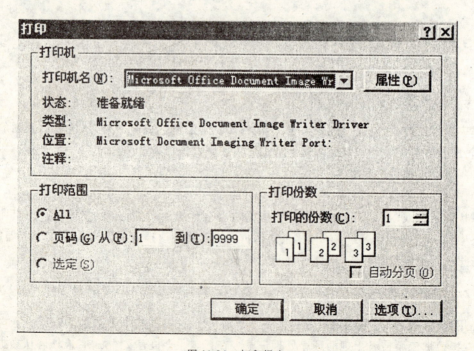

图 11-34　打印报表

在其中设置合适的打印机、打印范围、打印份数等项目,单击"确定"按钮,Visual FoxPro 就会把报表发送到打印机上。

11.4 标签设计

标签是什么?它与报表有何不同呢?报表是以表为单位按一个格式生成一个报表,标签则是以表中的记录为单位,一条记录生成一个标签。它们有许多相似之处,标签可以看做是一种特殊的报表。标签设计器和报表设计器很相像,它们使用相同的菜单和工具栏,甚至有的界面连名称都一样。

标签设计可以利用向导完成,选择"文件"菜单中的"新建"菜单项,选择"标签",单击"向导"按钮,如图 11-35 所示,进入标签向导的步骤 1——选择表,如图 11-36 所示,选择学生表 Student.dbf,单击"下一步"按钮进入步骤 2——选择标签类型。

标签向导提供了多种标签尺寸,在单选按钮中选择"公制",并选择大小为 33.87mm×99.06mm、列数为 2 的"Avery L7162"型号标签,如图 11-37 所示。单击"下一步"按钮,进入步骤 3——定义布局,如图 11-38 所示。

这一步骤是标签向导中操作最多的步骤。选择按钮

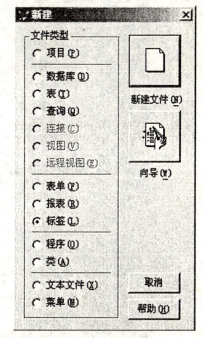

图 11-35 新建标签

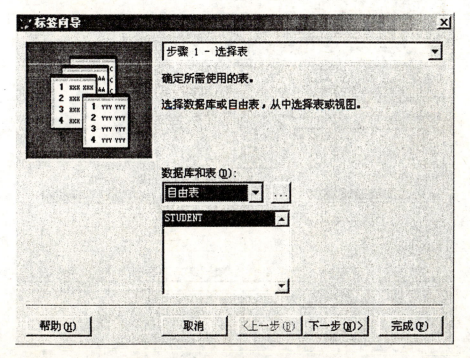

图 11-36 标签向导的步骤 1——选择表

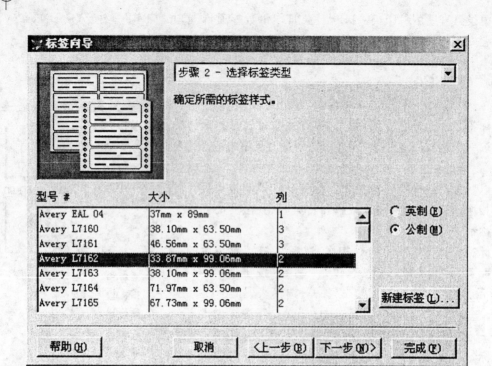

图 11-37　步骤 2——选择标签类型

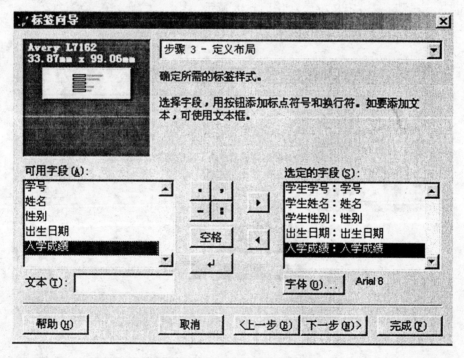

图 11-38　步骤 3——定义布局

的左边是常见的六个键盘符号按钮。以当前亮条处字段为例,来看如何操作。先在"文本"框中输入"学生学号:",按"选定"按钮,则文本框中的内容被选定到"选定字段"框中,再在"可用字段"中将光标移到学号处,双击或按"选定"按钮,则"选定字段"中就有"学生学号:学号"行,单击"回车"按钮,则"选定字段"框中的亮条移到下一空行中,其余的按同样的方法,完成以上操作,将所有需要的字段移动到"选定字段"中。同时,可以更改字体和大小,点击"字体"按钮,进入下面的字体对话框,如图 11-39 所示。选择好字体和大小后,单击"确定"按钮进入步骤 4——排序记录。

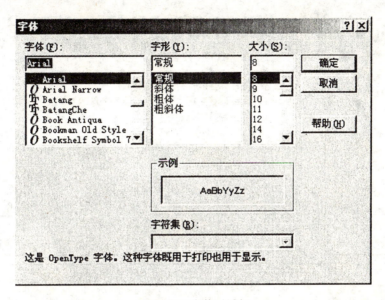

图 11-39　字体对话框

如图 11-40 所示,选择学号字段为排序字段,并选择"升序"单选按钮。单击"下一步"进入步骤 5——完成。

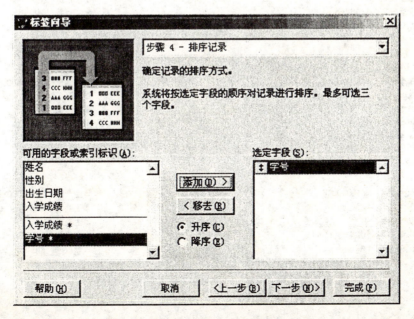

图 11-40　步骤 4——排序记录

如图 11-41 所示，点击"预览"按钮，进入预览窗口，在屏幕上查看标签，如图 11-42 所示。

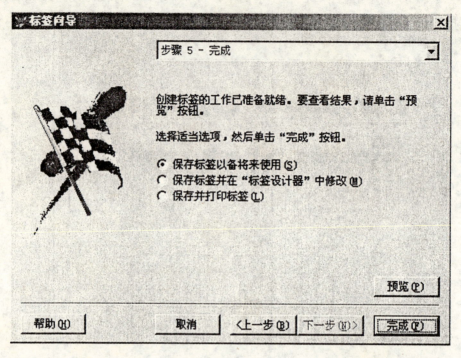

图 11-41　步骤 5——完成

```
学生学号：0410010043              学生学号：0410010045
学生姓名：李雪玲                  学生姓名：叶恩恩
学生性别：N                       学生性别：N
出生日期：02/16/86                出生日期：04/08/85
入学成绩：492.0                   入学成绩：565.0


学生学号：0410010046              学生学号：0410010058
学生姓名：段蓓                    学生姓名：雷火侠
学生性别：N                       学生性别：Y
出生日期：08/30/85                出生日期：08/01/84
入学成绩：524.0                   入学成绩：470.0


学生学号：0410030007              学生学号：0410030011
学生姓名：张慧                    学生姓名：周洁华
学生性别：N                       学生性别：Y
出生日期：10/12/86                出生日期：01/27/86
入学成绩：464.0                   入学成绩：516.0
```

图 11-42　标签预览

报表的打印与保存的步骤与报表一样，也可返回相应的步骤进行修改、保存。标签保存在以.lbx 为扩展名的文件中。以后在命令窗口中输入命令：LABLE FORM 标签 TO PRINT，就可打印标签了。

11.5 小结

　　本章从报表的创建开始，介绍了如何用报表向导创建单一表报表、分组/总计报表和一对多报表向导三种类型，同时也介绍了如何采用快速报表进行创建报表，进一步在"报表设计器"中设计报表、布局报表、修改报表、打印报表，最后一节介绍了标签设计。

　　报表设计器提供了丰富多样的制作报表功能，使得不用编程就能轻轻松松地设计出漂亮的报表。介绍了报表设计器的带区、报表设计器工具栏、报表控件工具栏、布局工具栏、调色板及报表菜单等相关的工具栏和菜单。

　　介绍了如何添加域控件、标签控件、OLE 控件、各种线条、矩形、圆角矩形、颜色，如何编辑、修改这些控件，如何应用报表变量，如何进行数据分组，如何制作表头、表尾，如何制作标题和合计等。

11.6 习题

1. 如何用报表向导创建单一表报表？
2. 如何用报表向导创建分组/总计报表？
3. 如何用报表向导创建一对多报表？
4. 如何用快速报表创建报表？
5. 如何用"报表设计器"进行设计报表、布局报表、修改报表、打印报表？
6. 如何用标签向导创建标签、打印标签？

主要参考文献

1. 李东,陈群.中文 Visual FoxPro 6.0 程序设计基础.北京航空航天大学出版社,1999
2. 余文芳,罗朝盛.Visual FoxPro 6.0 程序设计教程.人民邮电出版社,2004
3. 王利.全国计算机等级考试二级教程——Visual FoxPro 程序设计.高等教育出版社,2003
4. 卢湘鸿.Visual FoxPro 6.0 程序设计基础.清华大学出版社,2004
5. 刘瑞新,汪远征.Visual FoxPro 程序设计教程.机械工业出版社,2006
6. 刘淳.Visual FoxPro 数据库与程序设计.中国水利水电出版社,2004
7. 王毓珠.Visual FoxPro 程序设计教程.人民邮电出版社,2005
8. 张伦.中文 Visual FoxPro 案例教程.人民邮电出版社,2005
9. 郑砚,周青.Visual FoxPro 8.0 基础教程.清华大学出版社,2004
10. 李作纬.Visual FoxPro 程序设计及其应用系统开发.中国水利水电出版社,2003
11. 杨冬青.全国计算机等级考试三级教程——数据库技术.高等教育出版社,2002
12. 谢荣传,王永国.Visual FoxPro 程序设计.清华大学出版社,2003
13. 汪洋,喻梅.数据库系统及应用教程.清华大学出版社,2005

计算机系列教材书目

计算机文化基础	刘大革等
计算机文化基础实验与习题	刘大革等
Java 语言程序设计	赵海廷等
Java 语言程序设计实训	赵海廷等
C 程序设计	郑军红等
C 程序设计上机指导与练习	郑军红等
3ds max7 教程	彭国安等
3ds max7 实训教程	彭国安等
数据库系统原理与应用	赵永霞等
数据库系统原理与应用——习题与实验指导	赵永霞等
Visual C++ 程序设计基础教程	李春葆等
线性电子线路	王春波等
网络技术与应用	黄 汉等
信息技术专业英语	江华圣等
Visual FoxPro 程序设计	龙文佳等